AF544181

EUL
VERLAG

EINZELSCHRIFTEN

Katja Müller
Wertschaffende Kooperationsbeziehungen – Kooperationsbeziehungen im Lean Management analysiert aus einer konstruktivistischen Sicht
Lohmar – Köln 2015 • 364 S. • € 64,- (D) • ISBN 978-3-8441-0385-4

Isabel Arnold
Personalentwicklung von Führungskräften in Zeiten von Change – Eine Betrachtung aus Sicht des systemorientierten Managements
Lohmar – Köln 2015 • 236 S. • € 56,- (D) • ISBN 978-3-8441-0389-2

Ansgar Kernder
Bewertung der Emittentenqualität am Markt für Mittelstandsanleihen – Eine empirische Analyse im Lichte der Prinzipal-Agenten-Theorie
Lohmar – Köln 2015 • 436 S. • € 68,- (D) • ISBN 978-3-8441-0392-2

Anne Kathrin Bischoff
Business Approaches to Poverty Alleviation – A Classification of Company Initiatives
Lohmar – Köln 2014 • 208 S. • € 49,- (D) • ISBN 978-3-8441-0393-9

Andreas Neumeier
Unternehmensbewertung bei Squeeze-out – Eine theoretische und empirische Analyse im Spannungsfeld der Anforderungen von betriebswirtschaftlichen Erkenntnissen, IDW S 1 und Rechtsprechung
Lohmar – Köln 2015 • 284 S. • € 58,- (D) • ISBN 978-3-8441-0394-6

Patrick Siegfried
Trendentwicklung und strategische Ausrichtung von KMUs
Lohmar – Köln 2015 • 88 S. • € 37,- (D) • ISBN 978-3-8441-0395-3

Patrick Siegfried
Das strategische Controlling in der Anwendung für KMUs
Lohmar – Köln 2015 • 96 S. • € 38,- (D) • ISBN 978-3-8441-0396-0

Patrick Siegfried

Das strategische Controlling in der Anwendung für KMUs

Bibliografische Information der Deutschen Nationalbibliothek

Die Deutsche Nationalbibliothek verzeichnet diese Publikation in der Deutschen Nationalbibliografie; detaillierte bibliografische Daten sind im Internet über <http://dnb.d-nb.de> abrufbar.

ISBN 978-3-8441-0396-0
1. Auflage April 2015

JOSEF EUL VERLAG GmbH
Brandsberg 6
53797 Lohmar
Tel.: 0 22 05 / 90 10 6-6
Fax: 0 22 05 / 90 10 6-88
E-Mail: info@eul-verlag.de
http://www.eul-verlag.de

Bei der Herstellung unserer Bücher möchten wir die Umwelt schonen. Dieses Buch ist daher auf säurefreiem, 100% chlorfrei gebleichtem, alterungsbeständigem Papier nach DIN 6738 gedruckt.

Ich widme diese Publikation meinen Töchtern

Kira Siegfried

Svea Siegfried

und Nora Siegfried,

die mir die Kraft gegeben haben,

diese Arbeit zu schreiben.

Vorwort

Vielen Prozessabläufen und auch die Anwendung von strategischen Elementen wie z. B. dem strategischen Controlling werden zu wenig Beachtung geschenkt.

- Wie sind die Unternehmensstrukturen und -prozesse und wie werden die Unternehmensentwicklung und Marktpositionierung effizient bearbeitet?

- Welche strategischen Controlling Elemente werden zum Beispiel für die Zukunftsbranche der Dienstleistungsentwicklung eingesetzt?

Oft verlieren die Startups aufgrund fehlender Kapazitäten die strategischen Ziele aus dem Blick und fokussieren sich nur auf die operativen Kennzahlen.[1] Das Leistungsangebot in Form von Produkten und/oder Dienstleistungen ist nicht klar definiert und es fehlt an der eindeutigen Beschreibung der Leistungsinhalte, den notwendigen Prozessen sowie der notwendigen Ressourcen. Dadurch wird die Reproduzierbarkeit von etablierten Modellen schwierig. Viele Startups sehen auch nicht die Bedeutung der Dienstleistung im Wettbewerb, wobei bereits über 72,4 Prozent der Beschäftigten in Deutschland im Dienstleistungssektor beschäftigt sind.[2] Für den Aufbau und die Pflege des Dienstleistungsprogramms nutzen die Startups nicht die entwickelten Vorgehensmodelle, die Methoden und die Werkzeuge, die in der Forschung analog der Produktentwicklung in der Industrie entwickelt wurden.

[1] Vgl. Kummert (2005), S. 156.; Klett et al. (1998), S. 21.
[2] Vgl. Statistisches Bundesamt (2009).

Es besteht eine Lücke zwischen wissenschaftlichen Erkenntnissen und Unternehmungspraxis, die es im Sinne der Steigerung der Innovationskraft und der Wettbewerbsfähigkeit der KMU zu schließen gilt.

Von Startups gibt es in der Literatur wenig Informationen über deren Entwicklungsmöglichkeiten. Der sekundäre Sektor, der in den zurückliegenden Jahren viel an Bedeutung verloren hat, kann in der Entwicklung von geeigneten Vorgehensmodellen ebenfalls sein Dienstleistungsangebot erweitern und somit gestärkt in den Markt gehen. Diese neuen Herausforderungen, denen sich ein Startup aufgrund der Veränderungen im Umfeld stellen muss, sind geprägt von hoher Unsicherheit und Unprognostizierbarkeit der Zukunft. Demzufolge müssen Startups sich dem komplexen Umfeld stellen. Das strategische Management und das strategische Controlling haben eine hohe Relevanz bei der Orientierung an dem zukünftigen Markt.[3] Oft gibt es die Schwachstelle des strategischen Managements, wobei hier das strategische Controlling unterstützen kann. Mit dem strategischen Controlling werden die strategischen Pläne operationalisiert und stellt somit ein Teilsystem des vernetzten Regelkreissystems dar und bildet das Verbindungsstück zum operativen.[4] Für Startups ist es sehr wichtig, mithilfe des strategischen Controllings die Zukunft zu erleben.

Mainz, 26.03.2015 Patrick Siegfried

[3] Vgl. Reisinger (2007), S. 1 ff.
[4] Vgl. Horváth (2000), S. 194 ff.; Dumont du Voitel (1990), S. 128.

I Inhaltsverzeichnis

II Abbildungsverzeichnis

Seite

1 Strategisches Controlling als Strategieschlüssel zum Erfolg

Controlling kann definiert werden als: „Beschaffung, Aufbereitung und Koordination von Informationen für deren Anwendung zur Steuerung der Betriebswirtschaft durch die Unternehmensleitung auf deren Ziel hin.“[5] „Die Koordinationsfunktion des Controllings bezieht sich auf das Führungssystem und auf die Führungsprozessphasen. Seine Aktivitäten bezwecken primär die gesamtunternehmensbezogene interne Abstimmung und integrierende Verknüpfung des Informations-, Ziel-, Planungs- und Kontroll- und Organisationssystems.“[6]

Diesen Ansatz der Definition verarbeitete KÜPPER in der Darstellung des Controllings im Führungssystem eines Unternehmens, siehe *Abbildung 1*.

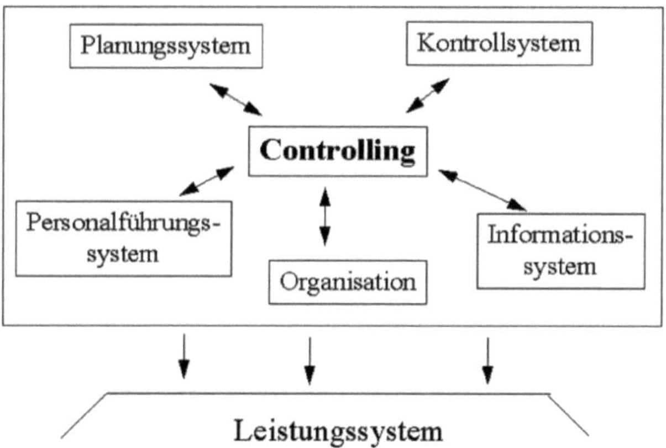

Abb. 1: Controlling im Führungssystem eines Unternehmens[7]

---

[5] Vgl. Heigl (1989), S. 3.
[6] Schmidt (1986), S. 56 f.
[7] Küpper (1987), S. 99.

Es gibt in der Theorievielfalt der Controlling Forschung drei grundlegende Konzeptionen, zum einem die Rechnungswesen- und die Informationsorientierten Konzeption. Bei dem managementorientierten Ansatz ist vor allem das koordinationsorientierte Controlling und Controlling als Rationalitätssicherung zu nennen. Dieser Ansatz ist seit den 1980er Jahren am häufigsten verbreitet. Danach ist die Aufgabe des Controllings die Sekundärkoordination, also die Koordination innerhalb und zwischen den Subsystemen der Unternehmensführung. Darunter fallen neben dem Planungssystem, das Kontrollsystem, das Informationsversorgungssystem sowie Personalführung und Organisation.[8]

Nach HORVÁTH sind aufgrund der zunehmenden Komplexität, der Dynamik der Märkte und der Diskontinuität der Unternehmensumwelt aber auch aufgrund des Wachstums des Unternehmens gerade bei Unternehmen die Reaktions- und Anpassungsfähigkeit und die Koordinationsfähigkeit wichtig und die Zielerreichung von zentraler Relevanz.[9] Das Controlling System hat zur Hauptaufgabe die Unterstützung, die Informationsfunktion und Koordinationsfunktion der Unternehmensführung gerade in den genannten Bereichen.[10] Das differenzierte Aufgabenspektrum im Controlling weist unterschiedliche Konzeptionen mit funktionalen und instrumentalen Sichtweisen auf. Dabei gibt es Schwerpunkte in den Bereichen Informations-, Planungs-, Steuerungs- und Führungssystemorientierte Konzeptionen.[11]

HORVÁTH sieht das Controlling als „Subsystem der Führung, das die Planung und Kontrolle sowie Informationsversorgung systembildend und systemkoppelnd ergebniszielorientiert koordiniert."[12] Er beschreibt weiterhin, das Controlling als Prozess oder Denkweise zwischen Manager und Controller entstehen

[8] Vgl. Küpper (2001), S. 15.
[9] Vgl. Horváth (2006), S. 272.
[10] Vgl. Hegglin/Kaufmann (2003), S. 359.; Schweitzer/Friedl (1992), S. 141 f.
[11] Vgl. Schweitzer/Friedl (1992), S. 146.
[12] Horvàth (2006), S. 134.; Weber (1995), S. 44.

kann. Somit ist Controlling eine Überschneidung von den Aufgaben des Controllers und den Führungsaufgaben des Unternehmers. Der Manager ist daher der Ergebnisverantwortliche für Projekte, Produkte, Bereiche und für die strategischen Erfolgspositionen. Der Controller hingegen ist, wie bereits beschrieben, der Verantwortliche für Transparenz als „Lotse" für Informationen, Entscheidungsservice und Koordination sowie der Moderator für die Planung. Der Controller selbst plant und kontrolliert nicht, dies macht der Unternehmer, jedoch koordiniert er diese Aufgabenbereiche und versorgt den Unternehmer mit Informationen.[13]

Die innerdisziplinäre Entwicklung des Controllings hat am Ende zwei Teilbereiche des Controllings herausgebildet, dass operative und das strategische Controlling. Das operative Controlling verfolgt die Gewinnsteuerung und das strategische Controlling die Existenzsicherung.[14] Diese Betrachtung zeigt für die vorliegende Forschungsarbeit auch die Notwendigkeit der Existenzsicherung gerade für Startups. Eine mögliche Abgrenzung für beide Bereiche ist in der folgenden *Abbildung 2* dargestellt.

Die Grenzen zwischen beiden Bereichen sind fließend und lassen sich nicht eindeutig definieren, da sie vernetzt sind und einen gemeinsamen Regelkreis haben.[15] Dies ist einfach darzustellen, da die operative Ebene durch die strategischen Entscheidungen beeinflusst wird und dort die festgelegte Strategie umgesetzt wird.[16] Eine Unterscheidung kann bzgl. des Planungszeitraums, der Orientierung, den Dimensionen, den Strukturierungs- und Formalisierungsgraden vorgenommen werden.

[13] Vgl. Horváth (2000), S. 5 ff.
[14] Vgl. Horváth (2006), S. 234 ff.; Schröder (1996), S. 308.
[15] Vgl. Aigner (1997), S. 18.
[16] Vgl. Schröder (1996), S. 215.; Wagenhofer/Gutschelhofer (1995), S. 217.

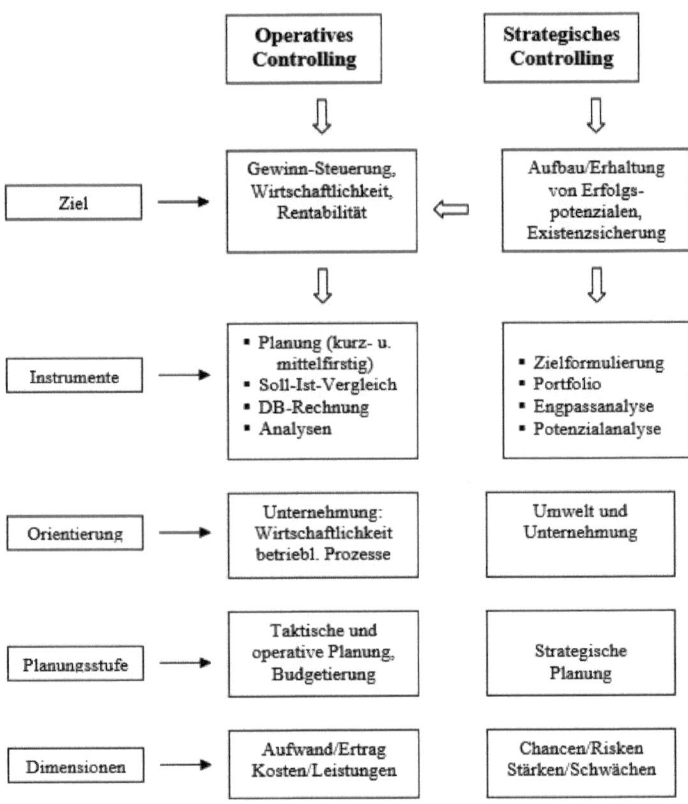

Abb. 2: Differenzierung strategisches und operatives Controlling[17]

Der Planungszeitraum vom operativen Controlling umfasst ein bis drei Jahre, beim strategischen längerfristiger. Bei dem operativen Controlling wird oft mit quantitativen Größen (Erträge und Kosten), im strategischen eher mit qualitativen Größen gearbeitet. Im operativen Controlling wird der Blick nach innen auf das Unternehmen und beim strategischen eher nach außen auf die Umwelt ge-

[17] Horváth (2000), S. 197.; Liesmann (1990), S. 310.

richtet. Beim operativen Controlling wird stark strukturiert und formalisiert vorgegangen, hingegen werden beim strategischen Controlling die Methoden und Vorgehensweisen strukturiert bzw. formalisiert.[18] HORVÁTH definiert strategisches Controlling als „die Wahrnehmung der Controlling Aufgaben zur Unterstützung der strategischen Führung der Unternehmung. Strategisches Controlling ist die Koordination von strategischer Planung und Kontrolle mit der strategischen Informationsversorgung.“[19]

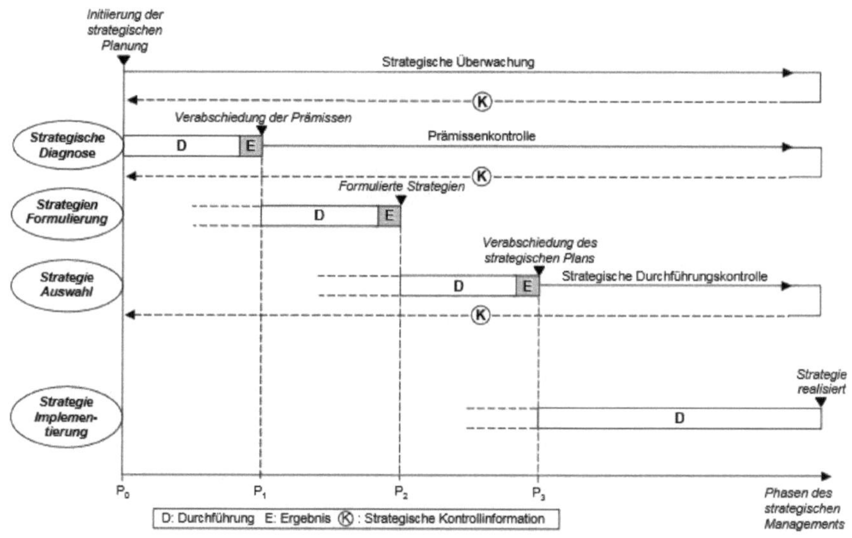

Abb. 3: Der strategische Kontrollprozess[20]

Der Controller übernimmt auch die Planung und die Koordinierung des Gesamtprozesses.[21]

[18] Vgl. Baum et al. (1999), S. 6 ff.; Aigner (1997), S. 19.; Schröder (1996), S. 213 f.; Liessmann (1990), S. 31 ff.
[19] Horváth (2006), S. 197.
[20] Becker/Piser (2003), S. 11.
[21] Vgl. Horváth (2000), S. 6.

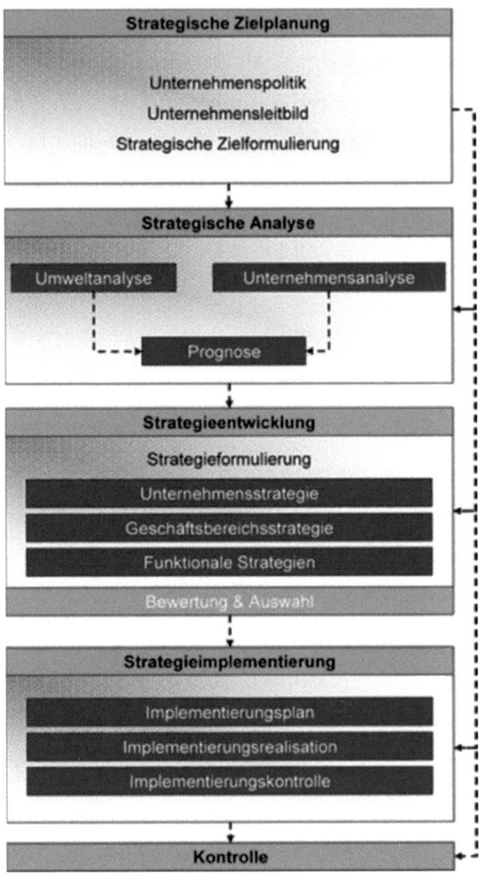

Abb. 4: Konzeption und Ablauf des strategischen Managements[22]

Weiter wie HORVÁTH gehen noch STEINLE/BRUCH, die die Aufgabe des strategischen Controllers bei der optimierten Erreichung der Ziele des Unternehmens sehen. Insbesondere sollen auch die Nutzen- und Erfolgspotenziale in

[22] Welge/Al-Laham (2003), S. 98.

dem leistungswirtschaftlichen Bereich bestimmt, entwickelt und gesteuert werden.[23] Bei der Initiierung der strategischen Planung, bzw. des strategischen Managementprozesses beginnt die strategische Kontrolle und wird anschließend in allen Phasen durchgeführt. Falls Ereignisse eintreten, die nicht vorher definiert worden sind und nun in Form der strategischen Diagnose analysiert werden, wird ein neuer strategischer Managementzyklus initiiert. Der strategische Kontrollprozess lässt sich mithilfe der *Abbildung 3* erläutern.

Das Aufgabenfeld des strategisch ausgerichteten Controllers beginnt demnach mit der strategischen Planung und Unterstützung, betrachtet die Umsetzung von der Strategie auf den operativen Bereich und endet mit der strategischen Kontrolle der gesetzten Ziele. Hierfür muss er passende Instrumente und Tools zur strategischen Entscheidungsfindung zur Verfügung stellen.[24]

Das strategische Controlling legt bei der strategischen Planung die Ziele für das strategische Management fest, siehe *Abbildung 4*. Danach werden die Rahmenbedingungen aus der Mission, der zentralen Unternehmenspolitik, für die strategische Planung betrachtet und dann die Verfahren, die Organisation und die Ergebnisse abgeleitet. Bei diesem strategischen Planungsprozess wird dieser organisiert, der Teilnehmerkreis und der zeitliche Rahmen bestimmt.[25]

Der Controller muss neben der Bereitstellung der notwendigen Informationen zudem die Ergebnisse der operativen Planung und deren Kontrolle in die strategische Planung einfließen lassen und die Anforderungen der Information für das Rechnungswesen definieren.[26] Bei der strategischen Analyse unterstützt der Controller diesen Prozess mit einer Auswahl an geeigneten Instrumenten. Bei der Formulierung der Strategie besteht die Funktion des Controllers in der

[23] Vgl. Steinle/Bruch (2003), S. 23.
[24] Vgl. Horváth (2000), S. 198.; Baum et al. (1999), S. 10.
[25] Vgl. Horváth (2000), S. 193 ff.
[26] Vgl. Horváth (2000), S. 193 ff.

Teilstrategieanalyse bezüglich der Wirkungszusammenhänge, mit dem Ziel die Koordinationsprozesse zu erleichtern. Dabei werden die formulierten Strategien in greifbare Ergebnisse umgesetzt und für die operative Ebene mit operativen Plänen umgesetzt. Dabei werden die strategischen Ziele mit strategischen Anreizsystemen unterstützend erreicht.[27] Der abschließende, aber sehr wichtige Bereich in diesem ganzen Prozess ist nach WELGE/AL-LAHAM die strategische Kontrollphase. Dieser bedeutende Bereich wird leider in der Praxis häufig vernachlässigt. Der Controller muss hierzu auch die Kontrollgrößen bestimmen.[28]

Bei der Analyse, wie das Verhältnis zwischen dem strategischen Controlling zum strategischen Management steht, spricht MANN davon, dass beides voneinander abhängt und beides jeweils nicht alleine funktionieren kann.[29] MANN betrachtet die Strategie-Konzepte, die ausschließlich in der „obersten Führungsspitze“ angesiedelt sind kritisch und empfiehlt eine ganzheitliche Unternehmensführung, die das Unternehmen als lebenden Organismus betrachtet. Eine mögliche Lösung hierfür liegt in der Unterstützung des strategischen Managements mit einem strategischen Controlling System, was die vorliegende Forschungsarbeit ja auch als Lösung vorsieht. Die strategische Planung muss in ein geschlossenes Steuerungssystem integriert werden.

Diese Auffassung wird auch von LIESMANN vertreten, der das Konzept vertritt, das ein strategisches Controlling das strategische Management effizient unterstützen kann.[30] Der Controller übernimmt die Sicherung von Innovationsbereitschaft und –fähigkeit des Unternehmers sowie die erfolgreiche Umsetzung von Strategien.[31]

---

27 Vgl. Horváth (2000), S. 195 f.; Baum et al. (1999), S. 10 ff.
28 Vgl. Horváth (2000), S. 196.
29 Vgl. Mann (1990), S. 99.
30 Vgl. Liesmann (1990), S. 323.
31 Vgl. Liesmann (2001), S. 97.

Diese Unterstützung des strategischen Managements durch das strategische Controlling wird auch von WELGE/AL-LAHAM festgestellt.[32]

HORVÁTH schließt sich dieser Meinung an und misst dem Controller ganz klar die Aufgabe zu, das strategische Management zu unterstützen, indem dieser den Prozess der strategischen Planung aufbaut, diesen unterstützt und bei Bedarf anpasst.[33]

STEINLE/BRUCH sehen für den strategischen Controller die originäre Funktion in der Unterstützung vom strategischen Management und der Unternehmensführung. Dem Controller kommen hierbei fünf Aufgaben zu:

- Metaplanung (Schaffung und Weiterentwicklung von einem Planungs- und Kontrollsystem),
- Planungsmanagementfunktion (Vorbereitung, Organisation, Einberufung sowie Leitung der Planungsrunden),
- Serviceaufgaben (Aufbereitung und Vorlage von Planungsunterlagen),
- Informationen (für die Früherkennung),
- Zuhilfenahme operativer Controlling Instrumente im Strategieentwicklungsprozess.[34]

Strategisches Controlling ist kein Ersatz für Strategisches Management, eher eine Unterstützung. Strategisches Controlling operationalisiert die strategische Planung und stellt die Verbindung her zur operativen Ebene.[35] Somit ersetzt das strategische Controlling die Schwachstelle der strategischen Planung.

---

[32] Vgl. Welge/Al-Laham (2003), S. 99.
[33] Vgl. Horváth (2006), S. 197.
[34] Vgl. Steinle/Bruch (1998), S. 341 f.
[35] Vgl. Horváth (2000), S. 194 ff.

Strategische Planung ist nur dann erfolgreich, wenn ein geschlossenes Regelkreissystem vorhanden ist, mit Berichtswesen, Analyse sowie Gegensteuerungsmaßnahmen bis hin zur Verbesserung beim nächsten Planungszyklus.[36]

Gerade in KMU aber auch in Startups, in den eine Controlling Funktion selten vergeben ist, übernimmt das Management aufgrund von Erfahrungs- und Intuitionskenntnissen die strategische Kontrolle. Für die strategische Kontrolle werden dann die Elemente Prämissen Kontrolle, die strategische Durchführungskontrolle und die strategische Überwachung berücksichtigt.[37] Aufgrund von gespeicherten Strategien, Prämissen und Geschäftstheorien, wird diese strategische Kontrolle angewendet, siehe *Abbildung 5*.

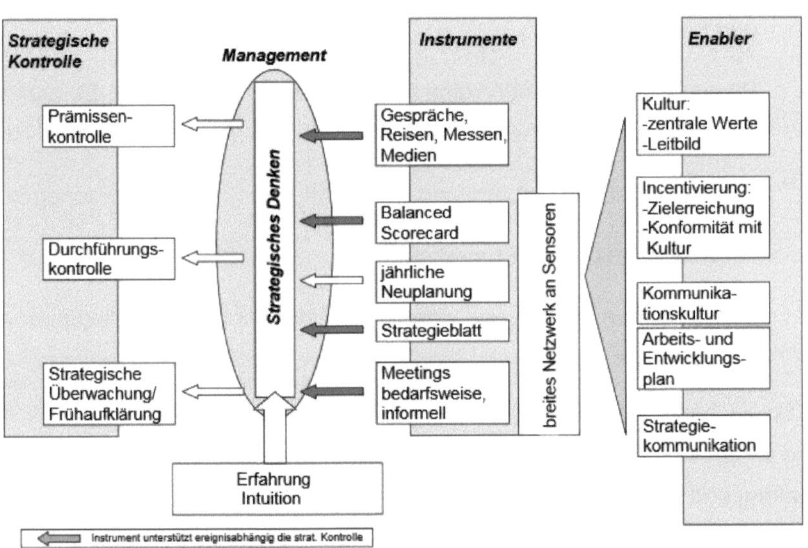

Abb. 5: Beispiel impliziter strategischer Kontrolle[38]

---

[36] Vgl. Mann (1983), S. 5.
[37] Vgl. Becker (2001), S. 149.; Schreyögg/Steinmann (1985), S. 401 ff.
[38] Becker/Piser (2003), S. 37.

Das Management stützt seine strategischen Entscheidungen auf Instrumenten wie Primärquellen und Sekundärinformationen. Neben diesen Instrumenten sind aber auch „Enabler“ notwendig, um kritisches und strategisches Denken beim Management zu entwickeln. Diese Erkenntnis wird auch in der vorliegenden Fallstudie umgesetzt durch die begleitete Umsetzung des strategischen Controllings. Ebenfalls zum Zweck der strategischen Kontrolle benötigt das Management relevante Informationen, die z. B. auch durch den Aufbau eines Wissensmanagements gefördert werden können.

2 Ausgewählte strategische Controlling Instrumente für die Umsetzung in der Praxis

Es werden nun in dem vorliegenden Kapitel einzelne ausgewählte strategische Controlling Instrumente für die Umsetzung in der Praxis vorgestellt. Mit der zunehmenden Dynamik und der Komplexität in einem Startup wächst die Bedeutung eines Konzepts für das strategische Controlling.[39] Wegen der sich permanent veränderten Wettbewerbsverhältnisse und der Unprognostizierbarkeit der Zukunft müssen einfache und schnell umsetzbare Instrumente eingesetzt werden, um die komplexe Marktstruktur zu analysieren. Nach MINTZBERG können sich dann die Unternehmen auf das Unvorhergesehen vorbereiten und dem Ungewünschten zuvorkommen und das Kontrollierbare kontrollieren.[40] Das strategische Controlling Konzept unterstützt die strategische Führung der Startups mit geeigneten Instrumenten um eine Prognose der Entwicklungen des Marktes und des jungen Wachstumsunternehmens vorzubereiten.[41] Die strategischen Controlling Instrumente stellen somit Hilfsmittel und Methoden, um mit den beschafften Daten eine Strategiefindung vorzunehmen und diese in einer Umsetzung und Implementierung erfolgreich festzulegen.

In dem ersten Analyseinterview wurden die Startups mit den nachfolgenden Fragestellungen, siehe *Abbildung 6* konfrontiert, um hier ein Bewusstsein für die strategische Ausrichtung zu schaffen und den langfristigen Blick nicht zu verlieren.

[39] Vgl. Eggers/Eickhoff (1996), S. 1.
[40] Vgl. Mintzberg (1995), S. 22.
[41] Vgl. Klett et al. (2000), S. 114.

Vision
• Wo sieht die Unternehmensführung das Unternehmen in fünf bis zehn Jahren? • Wo sollen die Schwerpunkte liegen? • Was soll das Unternehmen in Zukunft kennzeichnen und prägen? • Was soll das Unternehmen erreichen?

Mission
• Woher kommt das Unternehmen, wo sind die Wurzeln? • Welche Traditionen hat das Unternehmen? • Wie ist die geschichtliche Entwicklung? • Was ist die Aufgabe des Unternehmens? • Was ist der Sinn in der Tätigkeit? • Was macht das Unternehmen erfolgreich? • Welches sind die Kernkompetenzen? • Wo bestehen Wettbewerbsvorteile gegenüber der Konkurrenz?

Kernwerte
• Was ist das Selbstverständnis? • Welche Wertvorstellungen vertritt das Unternehmen? • Was sind die zentralen Unternehmenswerte? • Wer ist das Unternehmen? • Welche Eigenschaften zeichnen das Unternehmen und die Produkte aus?

Abb. 6: Fragestellungen für das Erstinterview mit den Startups[42]

Wegen der vielfältigen Einflüsse der äußeren Umwelt und innerhalb der Branche gibt es seit Beginn der 1960er Jahre zahlreiche strategische Instrumente, die vom strategischen Management und vom strategischen Controlling zugleich genutzt werden.[43] Viele Instrumente wurden für Großunternehmen konzipiert.[44] Diese sind sehr komplex und umfangreich in der Bearbeitung. Daher wurden in der vorliegenden Fallstudie einfache und umsetzbare Instrumente für Startups und für Unternehmer mit geringen Vorkenntnissen gewählt. Dieser praktikablen Anwendung ist die Wissenschaft bisher nicht nachgekommen.[45] Daher besteht auch hier die Forschungslücke. Das Portfolio der ermittelten strategischen Controlling Instrumente umfasst die bekanntesten, die in der Literatur vorhanden sind.

---

[42] Quelle: Eigene Darstellung.
[43] Vgl. Schwindt (2003), S. 13.; Klett et al. (2000), S. 114.
[44] Vgl. Kunesch (1995), S. 580.
[45] Vgl. Ossadnik et al. (2004), S. 621.

2.1 Umwelt- und Branchenanalyse

Die äußere Umwelt, die globale Umwelt beeinflussen auch die Startups und geben den Handlungsspielraum vor. Hier kommt ein Umstand zum Tragen, dass die Unternehmen hierauf keinen Einfluss nehmen können. Mit dieser **Umweltanalyse**, die auf jeden Fall zu Beginn der strategischen Überlegungen gemacht werden muss, werden die Informationen zu den politisch-rechtlichen, den ökonomischen, den soziokulturellen und den technologischen gesammelt, die dann auch z. B. in der späteren SWOT-Analyse berücksichtigt werden.[46] Mit diesen Informationen kann das Startup zukünftige Chancen wahrnehmen und die möglichen potenziellen Risiken vermeiden. Diese Analyse, die in der *Abbildung 7* dargestellt ist, hat nach der Studie von LYBAERT einen positiven Einfluss auf den Erfolg eines Unternehmens.[47]

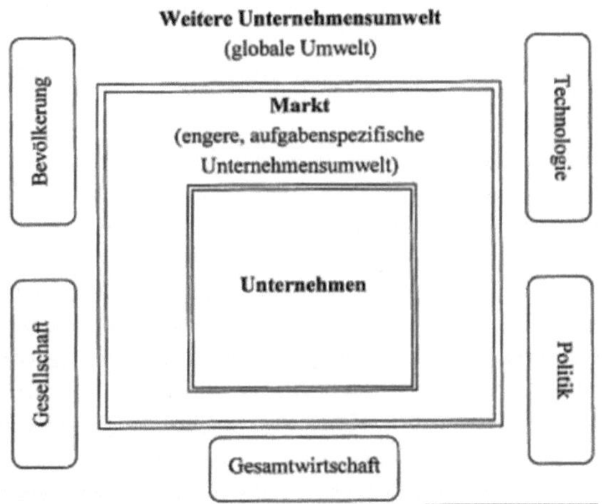

Abb. 7: Die Umwelt des Unternehmens[48]

[46] Vgl. Welge/Al-Laham (2003), S. 189.
[47] Vgl. Lybaert (1998), S. 346.
[48] Bea/Haas (2001), S. 88.

Die Informationsgenerierung bzgl. des weiteren Umfelds stellt viele Startups vor eine Herausforderung.

- Wie sollen sie an diese Daten herankommen?

Gerade bei den Fragestellungen:

- Was sind die externen Faktoren, die unser Geschäft beeinflussen?
- Wie entwickeln sich die Trends?

Studien zeigen, dass viele Unternehmen daher lieber die internen Informationen verwenden, bevor die externe Analyse vorgenommen wird. Dies kommt durch den häufig nach innen gerichteten Blickwinkel.[49] Die Kosten der Informationsbeschaffung und die zeitliche Problematik sind weitere Hinderungsgründe.[50] Die nächsten Fragestellungen sind:

- Wie wird sich die Branche entwickeln?
- Wie kann unser Unternehmen wettbewerbsfähig bleiben?
- Welche Einflussfaktoren bestimmen den Wettbewerb?

Hiermit wird die **Branchenanalyse** von PORTER durchgeführt, der diese Analyse entwickelte. Dabei wird das Branchenumfeld näher betrachtet und auch das Wettbewerbsverhalten einer Gruppe von Unternehmen mit gleichen oder ähnlichen Produkten,[51] siehe *Abbildung 8*.

PORTER vertritt die Auffassung, dass fünf grundlegende Kräfte des Wettbewerbs die Wettbewerbsintensität in einer Branche beeinflussen. Diese fünf

[49] Vgl. McGee/Sawyerr (2003), S. 387 ff.
[50] Vgl. Legenhausen (1998), S. 44.
[51] Vgl. Müller-Stewens (2005), S. 189.

Kräfte sind nicht gleich stark und wirken unterschiedlich, abhängig von der Stärke des Faktors und dessen Abhängigkeit in der Branche.[52]

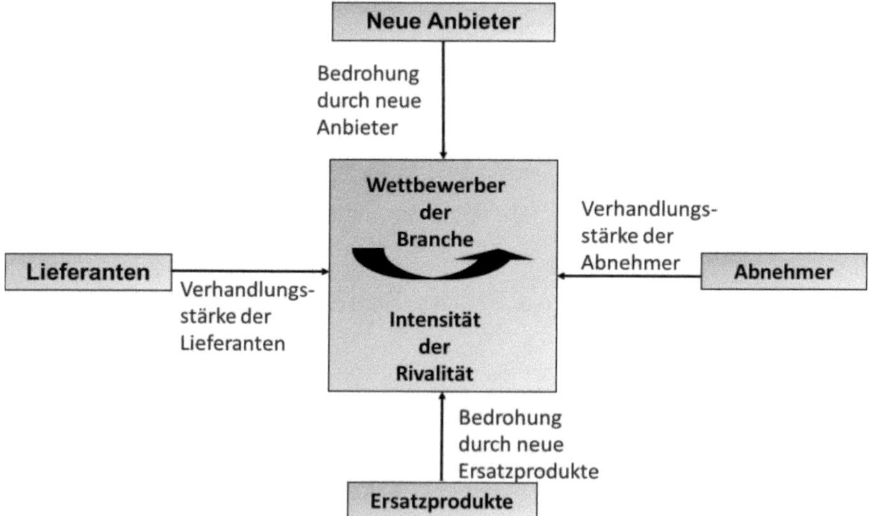

Abb. 8: Elemente der Branchenstruktur [53]

Diese fünf Wettbewerbskräfte sind:

- Die Rivalität unter den bestehenden Wettbewerbern,
- Die Bedrohung durch neue Konkurrenten,
- Die Bedrohung durch Substitution der Produkte/Dienstleistungen,
- Die Verhandlungsstärke der Lieferanten,
- Die Verhandlungsstärke der Kunden.

[52] Vgl. Porter (1999), S. 36.
[53] Porter (2000). S. 32.

Hierbei handelt es sich um eine nach außen orientierte Betrachtungsweise des näheren Unternehmensumfeldes. Dieses Instrument hilft den Startups sich in der Branche zu orientieren und auch die Entwicklung der Strategie zu entwickeln. Das Startup kann sich nach der Analyse auch positionieren, um möglichst hohe Erträge zu erwirtschaften. Weil auch gerade viele Großunternehmen in typische KMU-Branchen eindringen, müssen sich die Startups, die sich auf eine Nische fokussiert haben hier entgegenwirken.[54] Auch aufgrund des Internets gibt es keine klaren Grenzen mehr und jedes Unternehmen kann relativ schnell in andere Märkte vordringen.

2.2 SWOT–Analyse und Stärke-Schwächen-Profil

Die **SWOT-Analyse** ermöglicht dem Startup die Betrachtung seiner Position des Unternehmens mit der Konkurrenz. Die Faktoren und die Indikatoren werden beeinflusst durch die Chancen und Risiken aus der Umweltanalyse, da diese das Startup sehr stark beeinflussen können.[55] Die zentralen Fragestellungen die dem Startup gestellt wurden waren:

- Welche strategischen Optionen habe ich aufgrund der momentanen Situation?
- Wie kann ich meine Stärken konsequent einsetzen?
- Welche Handlungsoptionen stehen mir zur Verfügung?

Die SWOT-Analyse wird mit einer Vier-Felder-Matrix dargestellt, siehe *Abbildung 9* und wird für das eigene Unternehmen als auch für das Konkurrenzunternehmen betrachtet.

---

[54] Vgl. Klett et al. (1998), S. 23.
[55] Vgl. Koenig (2004), S. 171.; Aigner (1997), S. 9.

Strengths (Stärken)	Opportunities (Chancen)
• Was läuft gut? • Was sind unsere Stärken? • Worauf sind wir stolz? • Was gibt uns Energie? • Wo stehen wir momentan?	• Was sind unsere Zukunftschancen? • Was könnten wir ausbauen? • Welche Verbesserungsmöglichkeiten haben wir? • Was können wir im Umfeld nutzen? • Wozu wären wir noch fähig? • Was liegt noch brach?
Weaknesses (Schwächen)	**Threats (Risiken)**
• Was ist schwierig? • Wo liegen unsere Fallen / Barrieren? • Welche Störungen behindern uns? • Was fehlt uns?	• Wo lauern künftig Gefahren? • Was kommt an Schwierigkeiten auf uns zu? • Was sind mögliche Risiken / kritische Faktoren? • Womit müssen wir rechnen?

Abb. 9: SWOT-Analyse

Die Daten und Informationen, die für die SWOT-Analyse notwendig sind können aus folgenden strategischen Controlling Instrumenten gewonnen werden, siehe *Abbildung 10*.

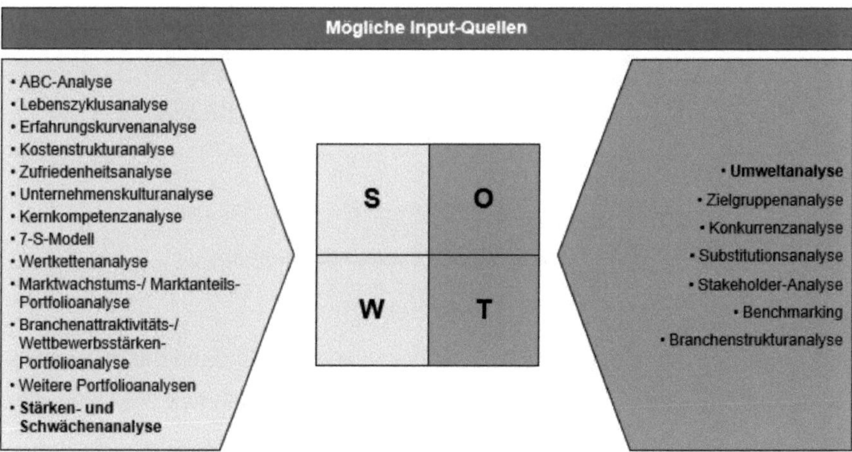

Abb. 10: Input Quellen für SWOT[56]

[56] www.strategietools.com.

Die SWOT-Analyse hat ihre Vorteile aufgrund der Einfachheit und auch aufgrund der visuellen Gestaltung, womit die klare Positionierung des Startups gegenüber dem stärksten Konkurrenten dargelegt wird. Nach dem Controller-Institut kennen 89,4 Prozent aller befragten KMU diese Analyse.[57]

Zur Weiterentwicklung der SWOT-Analyse kann das **Stärken-Schwächen-Profil** verwendet werden, siehe *Abbildung 11*.

Bewertung / Erfolgsfaktoren	schlecht			mittel				gut		
	1	2	3	4	5	6	7	8	9	10
Verkaufsprogramm		●				○				
Produktionsprogramm				●		○				
Vertriebspotential			●		○					
Forschung und Entwicklung		○						●		
Einkaufspotential				○				●		
Personal				○		●				
Standort				●		○				
Kostensituation				●			○			
Finanzierungspotential					●	○				
Führungssystem			○			●				
Produktivität					●		○			

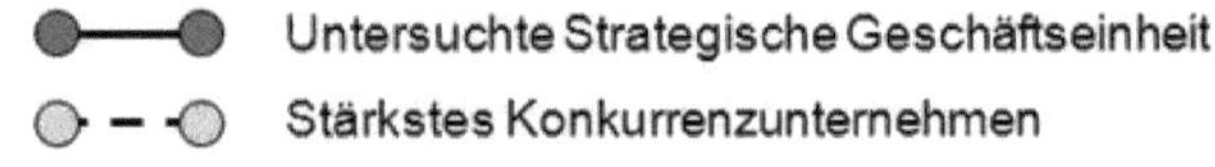

Abb. 11: Stärke-Schwächen-Profil

Hierbei werden die relevanten Erfolgsfaktoren aufgezählt, dann das eigene Unternehmen und der Wettbewerb bewertet. Jedes Unternehmen bekommt eine Bewertung die dann mit einer Linie verbunden wird. Dadurch kann der Sach-

[57] Vgl. Schadenhofer (2000), S. 34 f.

stand visualisiert werden und das Startup entscheiden, ob es die Stärken verstärken will oder die Schwächen gegenüber dem Wettbewerb ausbauen will.

2.3 Wettbewerbsanalyse und Benchmarking

Ein weiteres Instrument für die Analyse ist die **Wettbewerbsanalyse**. Es werden alle entscheidungsrelevanten Informationen momentaner Konkurrenten gesammelt, um auch auf den Konkurrenten reagieren zu können und die eigene Strategie abzuändern oder anzupassen.[58] PORTER hat in seinem Analyseinstrument hierzu vier grundlegende Bereiche ermittelt: Ziele der Konkurrenten, Annahmen der Konkurrenten, Gegenwärtige Strategien der Konkurrenten, Stärken und Schwächen der Konkurrenten.[59]

Folgende Fragestellungen werden hierzu den Startups der Fallstudie gestellt:

- Welcher Wettbewerber bewegt sich wo auf dem Markt, in welchem Segment?
- Welche Stärken und Schwächen haben die Wettbewerber?

Aus den vier genannten Elementen und den zwei Fragestellungen kann das Startup ein Reaktionsprofil der Wettbewerber erstellen. Es können dazu auch Prognosen und Einschätzungen zur Verwundbarkeit aufgestellt werden.[60] Wie bei den bisherigen Analysen stellt die Organisation und Beschaffung der relevanten Informationen ein erhebliches Problem da,[61] was aber mit der Fallstudie und dem Coaching gut gelöst wird. Nach dem Controller-Institut ist die Konkurrenzanalyse 92,9 Prozent der befragten Unternehmen bekannt, doch nur 37,6 Prozent nutzen dieses Instrument wegen der mangelnden Erfahrung

[58] Vgl. Koenig (2004), S. 155.; Baum et al. (1999), S. 65 f.
[59] Vgl. Porter (1999), S. 87 ff.
[60] Vgl. Welge/Al-Laham (2003), S. 232.
[61] Vgl. Baum et al. (1999), S. 66.

in der Nutzung dieses Instruments.[62] Das **Benchmarking** ist für die Beurteilung der eigenen Position im Markt unerlässlich, weil hierbei das Startup sich mit dem Best-Practice Unternehmen vergleicht. Dieser Vergleich gibt eine gute Orientierung, da auch nach den folgenden Fragestellungen die Startups der Fallstudie befragt werden:

- Was können wir tun, um zu den Besten zu gehören?
- Wie können wir einzelne Unternehmensprozesse auf Verbesserungspotenziale untersuchen?

Die Vorgehensweise ist mit der *Abbildung 12* zu erklären. Das Unternehmen muss vorab die Zielsetzung des Benchmarking definieren und Projektziele her-Ausarbeiten. Nach der Festlegung des Benchmarking-Objekts wird dieses analysiert, um mit den Daten auch eine Umsetzung und Weiterentwicklung der eigenen Prozesse zu erreichen.

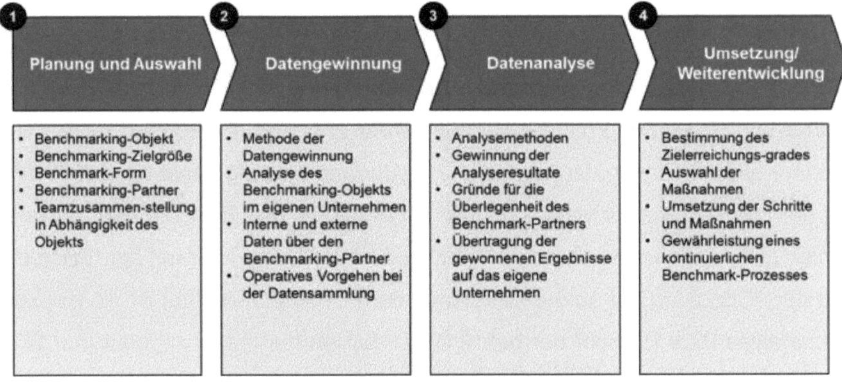

Abb. 12: Vorgehensweise Benchmarking[63]

[62] Vgl. Schadenhofer (2000), S. 34 f.
[63] Kerth/Asum (2008), S. 167.

2.4 Potenzialanalyse

Bei der Potenzialanalyse werden die kritischen Erfolgspotenziale des Startups analysiert und wiederum mit dem stärksten Wettbewerber verglichen. Dadurch werden mit der internen Potenzialanalyse die externen Rahmenbedingungen und die Anforderungen durch das Unternehmensumfeld abgeglichen. Die kritischen Potenziale, wie die kritischen Erfolgsfaktoren auch genannt werden, spiegeln die Wettbewerbspositionen wieder, die im Markt eingenommen werden. Diese Faktoren können z. B. auch mit der Wertkettenanalyse ermittelt werden.[64] Bei der Wertkette wird zwischen primären und sekundären (unterstützende Aktivitäten) unterschieden. Bei der Wertkette werden die einzelnen aufeinanderfolgenden Aktivitäten betrachtet, um nach kostengünstigeren und mehr Nutzen bringenden Möglichkeiten als die vom Wettbewerbsun-ternehmen vorhandenen zu finden. Dadurch kann das Startup sich besser dem Wettbewerber gegenüber behaupten.[65]

Anschließende werden die Potenziale mithilfe eines Katalogs, welcher in zwei Kategorien unterteilt ist, abgeleitet. Und je nach Startup werden die Situationen modifiziert. Dabei wird der Katalog in Leistungs- und Führungspotenziale unterschieden. Bei den Leistungspotenzialen wird zwischen den Untergruppen Personal, Kapital, Beschaffung, Produktion, Absatz und Technologie unterschieden. Bei den Führungspotenzialen wird zwischen den Unterpunkten Organisation, Information und Unternehmenskultur differenziert. Abschließend erfolgt eine visualisierte Punkteskalabewertung.[66]

Wenn die kritischen Erfolgspotenziale analysiert werden und anschließend die Maßnahmen für die internen Ressourcen und Kompetenzen des Startups neu

---

[64] Vgl. Bea/Haas (2001), S. 109 f.
[65] Vgl. Bea/Haas (2001), S. 107 f.
[66] Vgl. Bea/Haas (2001), S. 109 ff.

aufgebaut oder auch gezielter eingesetzt werden können die verborgenen Potenziale Erfolg versprechend genutzt werden.[67]

Die zentrale Fragestellung bei den Startups lautet daher:

- Welche Führungs- und Leistungspotenziale kann ich im Unternehmen generieren?

KOSMIDER ermittelte in einer Studie, dass 57 Prozent aller großen mittelständischen Unternehmen mit der Potenzialanalyse einmal jährlich arbeiten.[68] Demzufolge sollten Startups dieses strategische Controlling Instrument auch nutzen.

2.5 GAP-Analyse

Obwohl die GAP-Analyse ein strategisches Controlling Instrument ist, wird in der Literatur auch gesagt, dass mithilfe der GAP-Analyse das strategische Controlling aktiviert wird. Mit diesem Instrument wird die Lücke zwischen den ermittelten Zielgrößen und den tatsächlich erreichten Zielen bewertet. Operative Maßnahmen kann das Ergebnis kurzfristig beeinflussen, aber langfristig dient dieses Instrument für die langfristig orientierten Ziele. Dabei muss sich die Unternehmensstruktur den Umweltbedingungen anpassen, damit ein FIT zwischen der Umwelt und dem Startup erreicht wird, um eine strategische Optimierung zu realisieren.[69] Die Vorgehensweise wird in der nachfolgenden *Abbildung 13* verdeutlicht. Die zentralen Fragestellungen für die Startups lauten:

- Erreichen wir unser Ziel, wenn wir so weiter machen?
- Worin bestehen die Lücken zur festgelegten Strategie?

---

[67] Vgl. Aigner (1997), S. 6.
[68] Vgl. Kosmider (1994), S. 125.
[69] Vgl. Baum et al. (1999), S. 18 f.

- Welche Maßnahmen bieten sich an, um die strategischen Zielwerte zu erreichen?

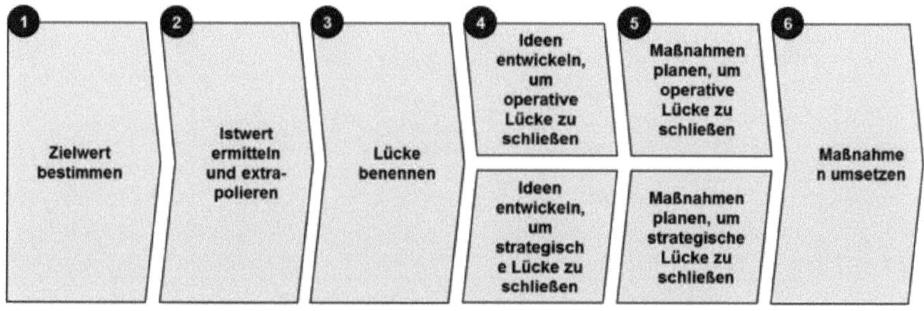

Abb. 13: Vorgehensweise bei der GAP-Analyse[70]

Bei der Gegenüberstellung der geplanten Zielgrößen können mit der Verlaufsbetrachtung potenzielle strategische Probleme aufgedeckt werden.[71] Mit dieser grafischen Darstellung kann der Controller dem Unternehmer auf die Differenz zwischen den strategischen Zielen aber auch den Prognosen aufmerksam machen. Daraufhin werden neue Maßnahmen entwickelt, um die strategischen Ziele zu erreichen. Das heißt, die GAP-Analyse ist nicht nur ein Planungsinstrument, sondern kann auch der frühen Problemerkennung der Strategie dienen.[72] In der Studie von OSSADNIK et al. wird die GAP-Analyse in KMU kaum eingesetzt.[73] Die schwache Umsetzungsrate dieses strategischen Controlling Instruments liegt in der Entscheidungsgewalt der Unternehmer begründet, die sich nach HORVÀTH/WEBER nicht gerne in die Karten blicken lassen wollen. Unternehmer sehen demnach in der Installation eines Controlling Systems einen Machtverlust.[74] In einer Grafik sieht die GAP-Analyse, siehe *Abbildung 14*, folgendermaßen aus:

[70] Kerth/Asum (2008), S. 255.
[71] Vgl. Schwindt (2003), S. 20.
[72] Vgl. Probst (2007), S. 107.
[73] Vgl. Ossadnik et al. (2004), S. 627.
[74] Vgl. Horváth/Weber (1997), S. 352.

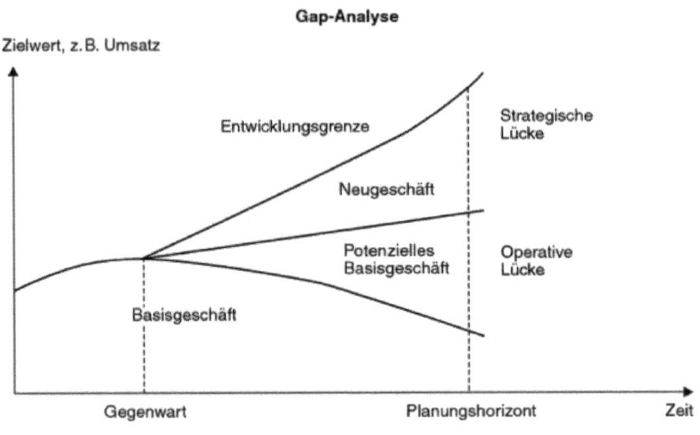

Abb. 14: GAP-Analyse[75]

2.6 Portfolio-Analyse

Die Portfolio-Analyse wird für die Beschreibung des Status quo der strategischen Situation oft verwendet. Die Innenperspektive des Unternehmens wird mit der Außenperspektive verbunden, um einen Zusammenhang zwischen der Umwelt und dem Startup herzustellen.[76] Mithilfe der Portfolio-Analysen soll ein Gleichgewicht zwischen den Produkten und Dienstleistungen im Unternehmen hergestellt werden, um das Unternehmen integriert zu steuern.[77] Gerade in

Startups nehmen die Vielfalt und die Komplexität der angebotenen Leistungen in der Wachstumsphase so zu, dass ein Konzept notwendig wird, um die gesamtunternehmerische Perspektive zu wahren.

Strategische Entscheidungen werden somit nicht isoliert, sondern im gesamtunternehmerischen Blickwinkel betrachtet. Dadurch ist auch eine Entscheidungsfindung mit anderen Geschäftsbereichen möglich.[78]

[75] Gabler-Wirtschaftslexikon.
[76] Vgl. Aigner (1997), S. 11.
[77] Vgl. Müller-Stewens/Lechner (2005), S. 300.; Nagel (2002), S. 25.
[78] Vgl. Bea/Haas (2001), S. 131.

Die zentralen Fragestellungen lauten demzufolge:

- In welchen Geschäftseinheiten sollte investiert werden?
- Wie sollten die Unternehmensressourcen sinnvoll auf das Leistungsspektrum verteilt werden?

In der *Abbildung 15* wird die Portfolio-Matrix dargestellt. Hiermit können strategische Leitlinien für einzelne Geschäftseinheiten fungieren, um daraus die Normstrategien der einzelnen Geschäftseinheiten zu generieren.[79]

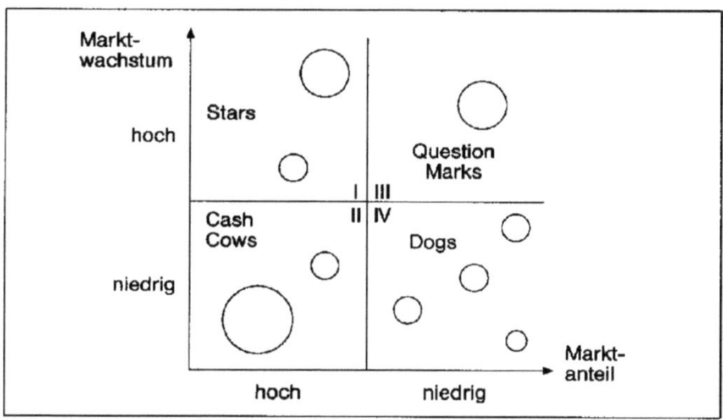

Portfolio-Matrix der Boston Consulting Group

Abb. 15: Marktanteil-Marktwachstums-Matrix[80]

Ziel ist es auch mit diesem Instrument eine ausgewogene Geschäftsstruktur zu entwickeln. Cashflow verzehrende Geschäftseinheiten sollten den Cash-flow produzierenden Geschäftseinheiten gegenüberstehen.[81] Die 4-Felder-Ma-trix kann auch nach Differenzierungsnotwendigkeiten in 9-, 16- oder 20-Felder Raster aufgeteilt werden.

[79] Vgl. Nagel (2002), S. 25.
[80] Müller-Stewens/Lechner (2005), S. 301.
[81] Vgl. Müller-Stewens/Lechner (2005), S. 300.

In der Praxis werden folgende Instrumente verwendet:

- BCG-Matrix – Marktwachstums-Marktanteil-Portfolio,
- McKinsey-Matrix – Marktattraktivität-Wettbewerbsvorteil-Portfolio,
- Albach – Geschäftsfeld-Ressourcen-Portfolio,
- Pfeiffer et al. – Technologie-Portfolio,
- A.D. Little – Wettbewerbsposition-Marktlebenszyklus-Portfolio.[82]

Die BCG-Matrix zeigt den Marktanteil in Verbindung mit dem Marktwachstum. In den vier Feldern werden die *„Stars"* als förderungswürdige Leistungen gezeigt, die *„Cash Cows"* sollen abgeschöpft werden. *„Poor Dogs"* stehen kurz vor der Eliminierung und die *„Question Marks"* müssen forciert oder liquidiert werden. Diese Visualisierung ermöglicht es dem Startup Normstrategien abzuleiten.[83] KOSMIDER fand in seiner Studie heraus, dass 57 Prozent der großen mittelständischen Unternehmen dieses Instrument einsetzen.[84] Das Controller-Institut hingegen ermittelte eine geringe Verbreitung, nur 17 Prozent der kleinen Unternehmen wendet dieses Instrument an.[85] Wahrscheinlich liegt dies begründet an der geringen Informationslage. Das ist aber eins der wichtigen Elemente in der vorliegenden Forschungsarbeit für die Umsetzung des strategischen Controllings in Startups.

---

[82] Vgl. Bea/Haas (2001), S. 143.
[83] Vgl. Weber (1995), S. 517 ff.
[84] Vgl. Kosmider (1994), S. 125.
[85] Vgl. Schadenhofer (2000), S. 34 f.

2.7 Szenario-Analyse

Zur strategischen Frühaufklärung wird die Szenario-Analyse eingesetzt. Es werden dabei auch folgende Einsätze möglich:

1. Zur Frühwarnung von potenziellen und unerwünschten Entwicklungen,
2. Als Orientierungswissen und als Hilfe vor der strategischen Planung,
3. Die Unternehmenspolitik kann somit an möglichen Umfeld Entwicklungen auf Tauglichkeit und Nachhaltigkeit auch geprüft werden,
4. Als Grundlage für Ausarbeitung von den Eventualplänen zur Sicherung der Lebens- und Entwicklungsfähigkeit des Unternehmens,
5. Zur Entwicklung einer Vision und Ableitung von Handlungsweisen für das normative und strategische Management.

Dadurch werden verschiedene Zukunftsbilder entwickelt und diese Technik eignet sich gerade für Startups und innovative Branchen, wo eine hohe Unsicherheit bezüglich der möglichen Entwicklungen vorhanden ist. Vom Status quo werden zwei Extremszenarien entwickelt, die im Gegensatz zueinander stehen. Ziel dabei ist es, die Chancen und die Risiken in dem „Best-Case" und „Worst-Case" Szenario zu betrachten, siehe *Abbildung 16*. Die zentralen Fragestellungen lauten:

- Wie kann ich Einflussfaktoren meines Geschäfts besser beeinflussen?
- Wie kann ich ohne präzise Vorhersagen Handlungsalternativen konstruieren, damit ich schnell reagieren kann?

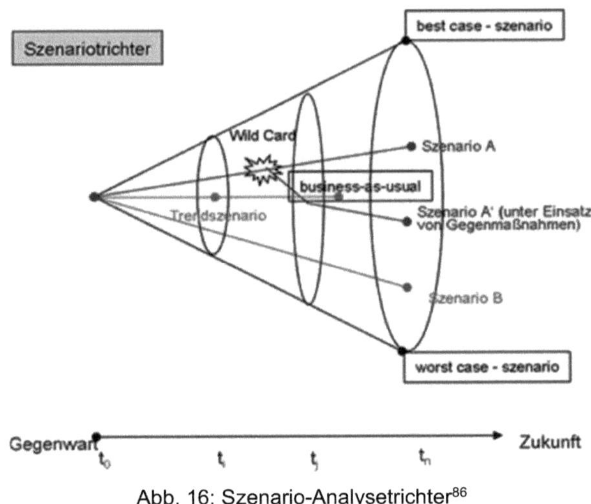

Abb. 16: Szenario-Analysetrichter[86]

Es gibt zwar die Problematik, dass die Startups bei diesem Instrument viel Informationen sammeln und alle Eventualitäten berücksichtigen müssen, siehe *Abbildung 17*, jedoch ist die Durchführung dieser Analyse im Endeffekt eine sehr gute Absicherung für das Startup. Nach der Studie des Controller-Instituts kennen 80 Prozent der befragten Unternehmen dieses Instrument, jedoch wird es nur von 20 Prozent genutzt.[87]

Die *Hauptschritte* der Szenario-Analyse sind:

1. Problemanalyse = Definition des Untersuchungsfeldes,
2. Umfelder bestimmen = Welche Faktoren beeinflussen das Untersuchungsfeld?
3. Identifikation von Deskriptoren (aus Umfeldern abgeleitet) und deren Entwicklungstendenzen,

[86] Vgl. v. Reibnitz (1992).
[87] Vgl. Schadenhofer (2000), S. 34 f.

4. Bildung von konsistenten Annahmebündeln und Zusammenfassung zu stimmigen Szenarien (2-3 genügen meist),

5. Störereignisse identifizieren und deren Auswirkungen auf die Szenarien schätzen,

6. Die Konsequenzen aus den Szenarien für das Untersuchungsfeld werden prognostiziert,

7. Unternehmen wägt ab, welches Szenario wahrscheinlicher ist und richtet danach seine Strategie aus (Maßnahmenplanung).[88]

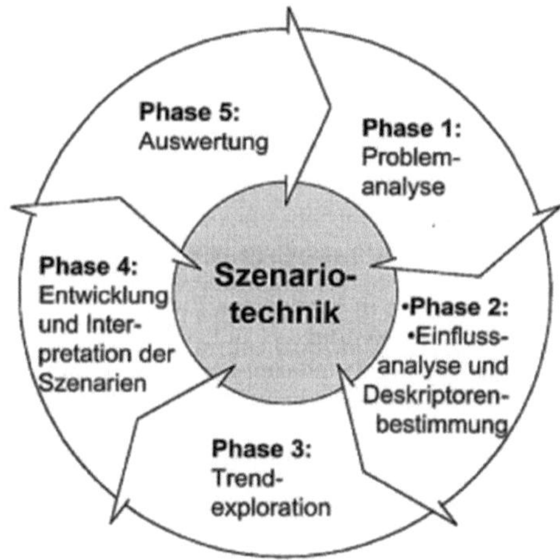

Abb. 17: Vorgehensweise bei der Szenario Technik[89]

[88] Vgl. Baum et al. (2007).
[89] Kerth/Asum (2008), S. 249.

Folgende *Abbildung 18* beschreibt auch zwei Methoden die bei der Szenario-Analyse verwendet werden können:

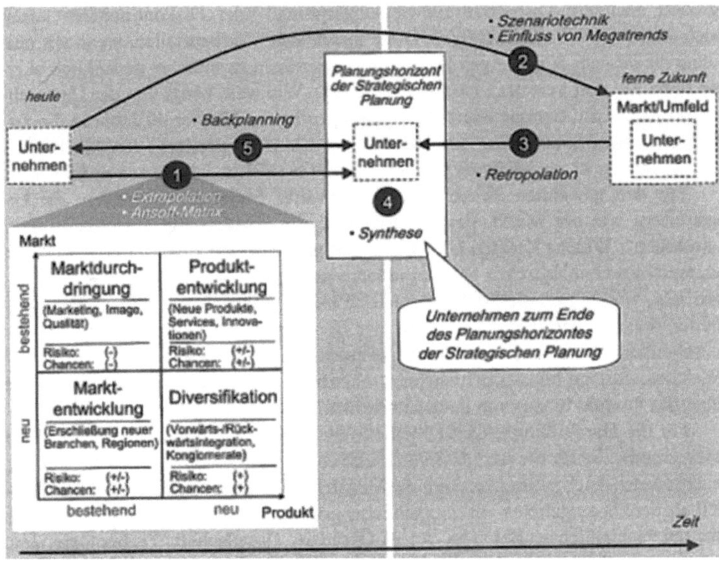

Abb. 18: Polare Synthese[90]

Forecasting/Vorwärtsszenarien, exploratorische, erkundende, vorausschauende Szenarien, die die möglichen Implikationen einer Hypothese bzw. bestimmter Voraussetzungen im Sinne einer Folgenabschätzung ermitteln.

Backcasting/Rückwärtsszenarien, normative und strategische Szenarien, die Bedingungen, vor allem Handlungsoptionen ermitteln, damit ein bestimmtes Ziel erreicht wird.

[90] Huber (2008), S. 227.

3 Techniken für die Ideengeneration und Datenanalyse aller strategischen Controlling Instrumente

Damit die oben genannten Instrumente auch erfolgreich angewendet werden können um auch brauchbare Resultate zu erreichen, muss bei der Befragung der Startups und bei dem Coaching auch mit ungewöhnlichen Herangehensweisen gearbeitet werden. Oftmals gibt es aufgrund der Tagesgeschäftsbelastung bei den Entrepreneuren eine Denkblockade, die aber in der vorliegenden Fallstudie bei den Seminaren und Workshops hinderlich gewesen wäre. Daher wurden die folgenden Kreativitätstechniken bei den Interviews, Seminaren und Workshops angewandt:

Kreativitätstechniken

Es gibt unterschiedliche Möglichkeiten, Lösungen für ein Problem zu finden. Um möglichst viele Ideen zu erhalten, bedient man sich den sogenannten Kreativitätstechniken. Hier kann man verschiedene Wege gehen. Zum einem gibt es die Assoziationstechniken, bei denen es darum geht, seinen Gedanken freien Lauf zu lassen und in alle Richtungen zu denken. Durch die Verknüpfung von Gedanken und Vorstellungen zu neuen Kombinationen erhalten Sie eine Vielzahl von Möglichkeiten, die zu Lösungsmöglichkeiten ausgearbeitet werden können. Die bekanntesten Modelle sind **Brainstorming**, **Brainwriting** und **Mindmapping**. Weitere Kreativitätstechniken gibt es in Form von Bild- und Analogietechniken. Analogien sind Ähnlichkeiten, d. h. selbst Dinge, die im ersten Moment vielleicht nicht zum Problem passen, können dennoch eine Lösung beinhalten, wie z. B. **Visualisierung**, **Bisoziation**, **Reizworttechnik** und **Intuition**.

Bei der systematischen Ideensuche geht es mehr um Struktur und Systematisierung, d. h., anhand verschiedener Checklisten wird das Problem unter verschiedenen Gesichtspunkten beleuchtet, z. B. **Morphologische Matrix**, Osborn-Methode- und der **Umkehrmethode**.

Brainstorming

Brainstorming ist die am häufigsten durchgeführte Methode zur Ideenfindung. Sie wurde in den späten 30er Jahren von Alex Osborn[91] erfunden und von Charles Hutchison Clark weiterentwickelt. Ihre Produktivität beruht vor allem darauf, dass zur Lösung eines möglichen Problems das Wissen mehrerer Personen genutzt wird. Die denkpsychologische Blockaden werden ausgeschaltet durch die Ausgrenzung restriktiver Äußerungen die mit der Lösungsvielfalt erweitert werden. Das Kommunikationsverhalten der Beteiligten soll gestrafft und "demokratisiert" und insgesamt unnötige Diskussionen vermieden werden. Ein erfolgreiches Brainstorming beruht vor allem auf der Beachtung von vier Grundregeln:

Regel 1: Jede Kritik oder Wertung wird separiert von der Ideenproduktion um sogenannte "Killerphrasen" und langatmige Diskussionen über das Für und Wider einer Idee zu vermeiden.

Regel 2: Die Ideen anderer Teilnehmer sollen aufgegriffen und weiterentwickelt werden.

Regel 3: Die Teilnehmer sollen ihrer Phantasie freien Lauf lassen, jede Anregung ist willkommen.

Regel 4: Es sollen möglichst viele Ideen in kurzer Zeit zusammenkommen. Das Brainstorming artet nicht in langatmige Erklärungen und Monologe aus.

---

[91] Vgl. Osborn (1957).

Vorgehensweise: Die "ideale" Brainstorming-Gruppe umfasst zwischen fünf und sieben Teilnehmern. In der Regel unterscheiden wir den aktiven Brainstorming-Teilnehmer, den Moderator und den Protokollanten sowie den Problemsteller.

Das eigentliche Brainstorming beginnt nach der Vorstellung, Analyse und Definition des Problems und läuft in der Regel zwischen 20 bis 40 Minuten, zuweilen auch erheblich länger. Dabei werden alle spontanen Ideen zur Lösungsfindung gesammelt und protokolliert. Nach dieser Phase werden sämtliche Ideen vorgelesen, bewertet und sortiert.

Vor- und Nachteile: Vorteile sind darin zu sehen, dass ungewöhnliche und ausgefallene Ideenlösungen genannt werden. Wenn die Kreativität sich in einer Sackgasse befindet, kann man mit dieser einfachen Handhabung und mit wenig Aufwand Synergieeffekte in der Gruppe mit dieser Methode nutzen. Nachteile sind in der Gruppenzusammensetzung zu sehen und das die Lösungsfindung abschweift. Ebenfalls können gruppendynamische Konflikte entstehen.

Brainwriting 6-3-5- Methode

Bei der Brainwriting Methode handelt es sich um eine Kreativitätstechnik, die zur Erzeugung von neuen Ideen dient. Diese wurde 1968 von Professor Bernd Rohrbach entwickelt.[92]

Vorgehensweise: Bei dieser Ideengeneration erhalten sechs Teilnehmer ein Papier, welches mit drei Spalten und sechs Reihen versehen wird. Jeder Teilnehmer wird in der ersten Runde drei Ideen eintragen. Nach einer vorgegebenen Zeit von drei bis fünf Minuten wird zeitgleich der Zettel weiter gereicht und wiederum versuchen die Teilnehmer diese Ideen weiter zu entwickeln und notieren ebenfalls ihre Idee. Dadurch entstehen (sechs Teilnehmer, je drei Ideen, fünf Mal weiter reichen) innerhalb von maximal dreißig Minuten 108 Ideen.

---

[92] Vgl. Rohrbach (1969).

Vor- und Nachteile: Vorteile dieser Ideengeneration sind, dass ein direktes Feedback gegeben wird, viele Ideen in kurzer Zeit entwickelt werden und keine Diskussionen entstehen. Nachteile sind zu sehen, dass der starre systematische Ablauf die Kreativität stören kann.

Bionik

Unter Bionik versteht man die Kombination von Biologie und Technik. Das heißt gibt es für technische Anwendungen Beispiele, die aus der Biologie abgeleitet werden können? Man nennt die Bionik oft auch eine "Crossover-Wissenschaft". Die Anwendung der Bionik als eigenständige Kreativitätsmethode hilft uns, biologische Vorgänge entweder unmittelbar auf ein vorliegendes Problem zu übertragen und daraus Lösungsmöglichkeiten abzuleiten oder dies über Analogien und die damit verbundene Problemverfremdung zu erreichen. Eine der wichtigsten Forderungen der Bionik ist nicht das Kopieren von Details eines lebenden Systems, sondern die Betrachtung dieses Systems als Modell.

Vorgehensweise: Die Bionik ist als „top-down“ Prozess zu verstehen. Nachdem das Problem definiert ist, wird nach Analogien in der Natur gesucht. Dabei werden die Vorbilder in der Natur analysiert und für Lösungen der Probleme herangezogen.

4 Festlegung von Kennzahlen

Kennzahlen geben einen Überblick über komplexe Sachverhalte und sind daher wichtige Controlling-Instrumente. Unternehmensbereiche können hiermit betrachtet und beurteilt werden. Welche Kennzahlen wichtig für Startups sind, hängt von zahlreichen individuellen Faktoren ab. Wichtig ist jedoch, dass diese Kennzahlen in regelmäßigen Abständen überprüft werden müssen und diese eine Rückmeldung geben, ob die gesetzten Ziele (Soll-Werte) erreicht werden können. Startups müssen sich zu Beginn einer Planungs- und Kontrollperiode Überlegungen anstellen, mit welchen Kennzahlen das Unternehmen gesteuert werden soll. Dadurch können Sachverhalte vermittelt, Abhängigkeiten dargestellt und Informationen verdichtet werden.[93]

Im strategischen Prozess kommen den Kennzahlen vier Funktionen zu:

1. *Zielfunktion* (zu jeder Kennzahl wird ein Sollwert als Richtwert festgelegt),
2. *Steuerungsfunktion* (mit den Kennzahlen werden Stärken und Schwächen identifiziert und ein Handlungsbedarf generiert),
3. *Kontrollfunktion* (mithilfe der Kennzahlen werden eingeleitete Maßnahmen auf ihre Wirksamkeit hin überprüft),
4. *Vergleichsfunktion* (mit den Kennzahlen werden Leistungsvergleiche innerhalb und außerhalb der Organisation durchgeführt).[94]

Für das strategische Controlling in Startups werden ganz besonders die benötigten Kennzahlen zum Planen, Steuern, Analysieren und Kontrolle von Prozessen benötigt. Dazu müssen aber die richtigen Kennzahlen ausgewählt werden.

---

[93] Vgl. Vollmuth (2004), S. 8.
[94] Vgl. Becker (2005), S. 164.

Eine Unterscheidung hierfür wird in der Literatur nach folgenden Arten vorgestellt:

Leistungskennzahlen

- Ermitteln die Leistung der vorgegebenen Einheiten,
- Leistungsvergleich von Soll-, Plan- und Istwerten,

Diagnosekennzahlen

- Beschreiben die Ursache von Leistungen,
- Werden zum Verfolgen von Maßnahmen und deren Kontrolle eingesetzt,

Konfigurationskennzahlen

- Ursache und Wirkung werden beschrieben, haben einen deskriptiven Charakter.[95]

Die Auswahl der Kennzahlen hängen von den Bedürfnissen und Notwendigkeiten der Startups ab. Wichtig wäre es sich nicht auf monetäre Kennzahlen zu stützen, da diese oft vergangenheitsorientiert sind. Startups befinden sich aber in der Wachstumsphase und die Kennzahlen müssen flexibel angepasst werden. Beispiele für nicht monetäre Kennzahlen sind z. B. Kundenzufriedenheit, Wettbewerbsfähigkeit, Lieferpünktlichkeit oder auch Auftragsdurchlaufzeit. Es bietet sich für Startups an Kennzahlensysteme aufzubauen, da hier mehrere Kennzahlen in einen mathematischen oder sachlogischen Zusammenhang stehen.[96]

Um eine Operationalität des Unternehmensziels aufzubauen müssen neben der Zielformulierung drei Zieldimensionen berücksichtigt werden:

---

[95] Vgl. Becker (2005), S. 165.
[96] Vgl. Burkert (2008), S. 11.

- Zielmaßstab (Messgrößen zur Beurteilung der Zielerreichung, das Zielausmaß für den Umfang der zu erreichenden Zielerfüllung),
- Zeitlicher Bezug (Gültigkeitszeitraum des Ziels),
- Organisatorischer Bezug (Zuordnung der Ziele auf bestimmte Organisationseinheiten).[97]

Für die zu berücksichtigende Operationalisierung werden Zweck-Mittel-Verknüpfungen in der Zielhierarchie bewertet. Hierbei werden über- und untergeordnete Ziele ebenfalls bewertet und leisten somit einen Beitrag zur Rationalität.[98]

Aus diesem Zielsystem der Startups werden abgeleitete Messgrößen als Kennzahlen definiert. Hier werden abstrakte, quantitative, präzise Informationen die relevante messbare betriebswirtschaftliche Sachverhalte bei Berücksichtigung der Verdichtung der gewollten Realität abgebildet um dann die Informations-, Koordinations- und Steuerungsinformation zu erfüllen.[99]

Zwischen diesen Kennzahlen können logische als auch empirische Beziehungen vorhanden sein und womöglich auch zur Herleitung von neuen Kennzahlen dienen.[100] Diese Möglichkeit des Vergleichs ist für das strategische Controlling sehr wichtig. Durch die Verbindung einzelner Kennzahlen in ein System können auch Fehlinterpretationen von Einzelkennzahlen vermieden oder verringert werden. Hierbei hilft die Darstellung der Beziehungen der Kennzahlen untereinander. Die Funktionen von Kennzahlensystemen können zusammengefasst folgende Einzelmerkmale haben, siehe *Abbildung 19*:[101]

---

[97] Vgl. Feggeler/Husmann (2000), S. 39.; Reichmann (1997), S. 39.
[98] Vgl. Becker/Piser (2003), S. 74.; Reichmann (1997), S. 39 ff.
[99] Vgl. Horvath (2003), S. 566.; Küpper (2001), S. 341 ff.
[100] Vgl. Küpper (2001), S. 341 ff.
[101] Vgl. Stein (2003), S. 38 f.; Schwarz (2002), S. 105 ff.

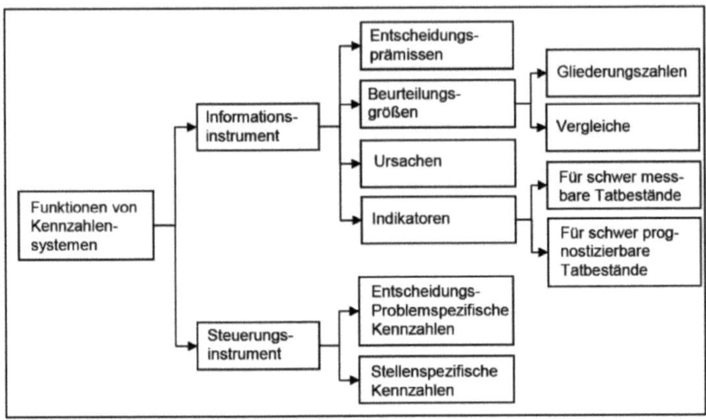

Abb. 19: Kennzahlensysteme und deren Verwendbarkeit[102]

Die Kennzahlensysteme sollen nach KÜPPER folgende Anforderungen erfüllen, um die zu erwartende Informations- und Steuerungsfunktion zu erfüllen. Eine einfache hierarchische Struktur und die Partizipative Herleitung von Kennzahlen unter fachkundiger Beteiligung und den betroffenen Mitarbeitern, um dadurch die Zusammenhänge korrekt abzubilden und die Akzeptanz, der betroffenen Mitarbeitern zu erhalten. Ebenfalls sollen die Kennzahlen einen Indikatorcharakter haben, um die Offenheit und Strukturierung in Einklang zu bringen.[103]

Rentabilitätitionelle Kennzahlensysteme sind z. B. das *DuPont-Kennzahlensystem*, das *ZVEI-Kennzahlensystem* und das *RL-Kennzahlensystem.*

Bei dem *DuPont-Kennzahlensystem* handelt es sich um ein eindimensionales Rechensystem, wo hierarchisch aufgebaute algorithmische Verknüpfungen zum „Return on Investment" zu einer singulären Leitkennzahl die Rentabilität darstellt.[104] Die Ist-Kennzahlen der Vergangenheit und der Gegenwart werden

[102] Vgl. Küpper (2001), S. 345.
[103] Vgl. Stein (2003), S. 39 f.; Küpper (2001), S. 349.
[104] Vgl. Sandt (2004), S. 33f; Weber/Schäffer (2000), S.2.

mit den Soll-Kennzahlen des Budgets verglichen und erlauben somit einen Vergleich mit den betrachteten finanziellen Größen.[105]

Das branchenneutrale *ZVEI-Kennzahlensystem* wurde vom Zentralverband der Elektrotechnischen Industrie e.V. in den 1970er Jahren entwickelt. Hierbei wurden ca. 100 Haupt- und Nebenkennzahlen mit Liquiditäts- und Wachstumsgrößen berücksichtigt.[106]

Bei dem *RL-Kennzahlensystem* wurden 39 Kennzahlen von REICHMANN/LACHNIT zusammengefasst. Hier wurden neben der Rentabilität und der Liquidität auch Einflussfaktoren auf diese Größen betrachtet und stellen somit die Wirkungszusammenhänge der wichtigsten Erfolgs- und Finanzgrößen dar.[107]

Bei all diesen Systemen handelt es sich um Kennzahlensysteme mit einer „Monozielausrichtung" Es wird auch durch die Kennzahlenvielfalt von einer erschwerten Informationsauswahl als Nachteil für die Entscheidungsfindung gesprochen. Selbst das RL-Kennzahlensystem ist auf die monetär bewertbaren Größen beschränkt und ignoriert deren nicht monetäre Größen.[108] Durch diese Eindimensionalität der finanziellen Kennzahlen wird der Fokus auf kurzfristig-periodenhafte Erfolgsmaximierung gelegt. Dadurch fehlt auch die Ausrichtung am strategisch orientierten Unternehmenswert.[109] Eine weitere Schwierigkeit zeigt sich in der Kombination von Umsatz- und Gewinnzielen, wobei kostenintensive Strukturen geschaffen werden können und dies den langfristigen Erfolg gefährdet.[110] In einem sich dynamisch komplexen verändernden Umfeld sind die traditionellen Kennzahlensysteme der Aufgabe der Rationalitäts-

[105] Vgl. Stein (2003), S. 40 f.
[106] Vgl. Stein (2003), S. 42 f.; Reichmann (1997), S. 30 f.
[107] Vgl. Feggeler/Husmann (2000), S. 15.
[108] Vgl. Stein (2003), S. 40.
[109] Vgl. Morich (2002), S. 23.
[110] Vgl. Stern (2004), S. 28 f.

sicherung nicht gewachsen. Die ex-post Rationalität reicht nicht mehr aus und ist mit einem koordinationsorientierten Ansatz zu ersetzen. Dabei sollten relevante Sachziele für die Steuerung und Leistungsmessung berücksichtigt werden. Marktprozesse sollen die finanzwirtschaftlichen Prozesse vorantreiben und dabei auch Entwicklungszeiten, Stornierungsquoten oder Mitarbeiterzufriedenheit berücksichtigen.[111]

Mehrdimensionale Kennzahlensysteme, wie die „Balanced Scorecard" betrachten die Unternehmenswirklichkeit mit einem breiteren Blickwinkel.[112]

Ein weiteres **qualitatives Kennzahlensystem** ist das *EFQM-Konzept* der European Foundation of Quality Management.[113] Hierbei handelt es sich um ein operationalisierendes Ordnungssystem bei der Bewertungspunkte der erzielten Ergebnisse für bestimmte Größen vergeben werden. Die strategischen Kennzahlen werden nach Kategorien gewichtet, addiert und insgesamt bewertet, indem mit den maximal zu erreichenden 1.000 Punkten verglichen wird.[114] Die Bewertungskategorien wurden anhand eines Kausalmodells bestimmt, wobei die relevant zu erachteten Ergebnisse von Unternehmensaktivitäten von den „Befähigern" abhängig erklärt werden. Diese „Befähiger" sind die Führung, Strategie und Politik sowie Prozesse und Ressourcen, deren „Operationalisierung" in „Kennzahlen" einen Bezug zu den Dimensionen der Struktur, Prozesse und Ergebnisse aufweisen.[115]

Mithilfe des EFQM-Modells hat das Startup die Möglichkeit ein anspruchsvolles und komplexes Modell zur eigenen Organisationsbewertung zu verwenden. Bei dem EFQM-Modell werden acht Grundkonzepte zur Anwendung

---

[111] Vgl. Weber/Schäfer (1999), S. 741.
[112] Vgl Kaplan/Norton (1996), S. 75.
[113] Vgl. Horvath&Partner (2004), S. 93 + 306.
[114] Vgl. Sandt (2004), S. 43 f.
[115] Vgl. Hildebrand (2001), S. 142.

kommen um die junge Organisation zu unterstützen. Die Grundkonzepte sind in der *Abbildung 20* dargestellt.

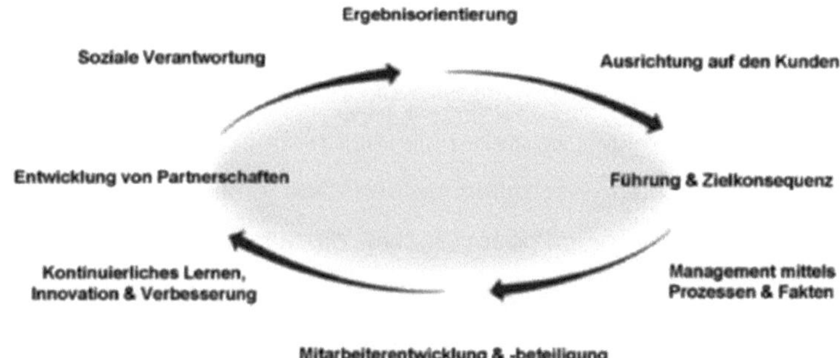

Abb. 20: Excellence Grundkonzepte

Hierbei sind folgende Grundelemente zu betrachten. Als Erstes die **Ergebnisorientierung**, welche die Erwartungen der Unternehmer ermitteln soll. Die Erfahrungen und Wahrnehmungen werden überwacht und mit anderen Startups verglichen und bewertet. Informationen über aktuelle und zukünftige Interessengruppen sind zu sammeln und für die Entscheidung, Implementierung der Strategien, operativen Zielen, Kennzahlen und Planungen zu berücksichtigen. Bei der Fokussierung auf den **Kunden** muss eine klare Ausrichtung auf die Erwartungen und Bedürfnisse erfolgen um eine Kundenbindung und eine Marktanteilserweiterung zu erreichen. Die **Führung** mit dem Unternehmer muss die Ausrichtung des Startups festlegen, ausrichten und verfolgen. Die Excellence ist in der gesamten Organisation zu verfolgen. Neben der Vorbildfunktion des Unternehmers muss auch eine permanente Anpassung an die Veränderungen, bedingt durch das Wachstum der Startups erfolgen. Das **Managementsystem** richtet sich vorrangig auf die Erwartungen und Bedürfnisse aller Interessensgruppen aus. Eine kontinuierliche Umsetzung der Strategien und operativen Zielen ist mit einem Netzwerk sicherzustellen. Um die richtigen Entscheidungen zu treffen, müssen verlässliche Informationen über die Leistungen, den Prozessen und der Systemfähigkeit gesammelt werden. Eventuelle Risiken sind auf der Basis von Kennzahlen zu erkennen. Bei der **Mitarbeiterentwicklung und –beteiligung** müssen die notwendigen Kompetenzen und auch das Potenzial ermittelt werden. Falls dies nicht in der notwendigen Form vorhanden ist, muss dies geschaffen werden. Das intellektuelle Kapital ist für die Organisation zu nutzen und bedeutet, dass die Mitarbeiter aktiv beteiligt werden müssen. Das **kontinuierliche Lernen, die Innovation und die Verbesserung** der eigenen Organisation aber auch das Best Practice von Wettbewerbern müssen aufgegriffen und verwendet werden. Geistiges Eigentum ist zu schützen und kontinuierlich zu verbessern. Die **Entwicklung von Partnerschaften** ermöglicht gerade Startups eine verstärkte Wertschöpfung zu erreichen. Gemeinsame Zielerreichung und Unterstützung mit Erfahrungswerten, Wissen und Ressourcen schaffen einen strategischen Vorteil. Eine verantwortungsbewusste Organisation versucht das handeln gegenüber den Interessensgruppen darzustellen. Die **soziale Verantwortung** und die ökologische Nachhaltigkeit sind ein bedeutender integraler Bestandteil jeder Organisation.

Das **EFQM-Modell** ist in neun Hauptkriterien und zweiunddreißig Teilkriterien aufgeteilt. Mithilfe dieser können die Startups ihre Leistung messen. Wegen der Leistung, der Mitarbeiter, den Kunden und der Gesellschaft durch die Führung in den Startups werden die Politik, die Strategien aufgrund der Beteiligung von Mitarbeitern, den Partnerschaften und den Ressourcen sowie den Prozessen umgesetzt. Mit der internen Selbstbewertung und dem externen Vergleich können Fortschritte und die Entwicklungen in einem Startup über einen langen Zeitraum dokumentiert werden. Für die Prozessvergleiche ist der Wissensstand, Reifegrad des Unternehmers und die zur Verfügung stehenden

Ressourcen und das Engagement zu berücksichtigen. Zur Verfügung stehen Fragebögen, Matrizen und auch die Simulation von einer Bewerbung als aufwendige Methode.

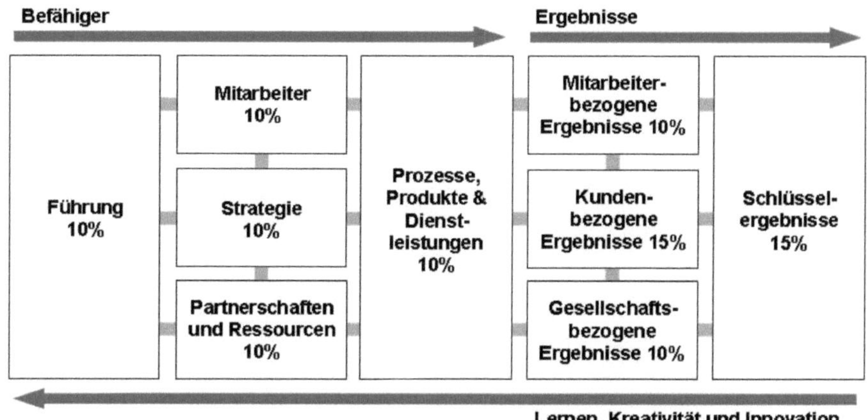

Abb. 21: EFQM-Modell für Excellence mit den Gewichtungen der Hauptkriterien[116]

Zur Punktevergabe werden eine RADAR-Bewertungsmatrix, siehe **Anhang 6** und eine WEGWEISER-Karte, siehe **Anhang 7** verwendet.[117] Die Maximalpunktzahl von 1.000 Punkten wird gleichmäßig aufgeteilt auf die Befähiger-Kriterien und die Ergebnis-Kriterien. Die Gewichtungen sind in der folgenden *Abbildung 22*, in der das Gesamtmodell dargestellt wird angegeben.

Die jeweiligen Teilkriterien sind auch unterschiedlich gewichtet. Dieses EFQM-Modell ist sehr anspruchsvoll, umfangreich und Erfolgsversprechend. Daher findet es in der Praxis häufig Anwendung, auch weil es sehr flexibel eingesetzt werden kann. Für die Umsetzung ist ein gewisses Maß an Zeit, Ressourcen und Erfahrung im Qualitätsmanagement erforderlich. Mit diesem Modell wird

[116] Vgl. Deutsche Gesellschaft für Qualität e. V..
[117] Vgl. Deutsche Gesellschaft für Qualität e. V..

nicht nur eine Bewertung, sondern auch Maßnahmen aus der Ableitung vorgenommen. Für die Entwicklung von Startups kann dieses qualitative Kennzahlensystem deutlich zur Weiterentwicklung beitragen.

5 Aufgetretene Anwendungsprobleme bei der Umsetzung und Implementierung des strategischen Controllings in Startups

Startups unterscheiden sich grundsätzlich in ihrer ganzen Struktur und Ausrichtung von Großunternehmen. Daher sind im Gegensatz zu Controlling Abteilungen in diesen Großunternehmen in den Startups die leitenden Mitarbeiter bzw. der Unternehmer für das Controlling verantwortlich. Nachfolgende Unterscheidungsmerkmale und Besonderheiten haben sich bei verschiedenen Studien gezeigt:

Personelle Kapazitäten

Die personellen Kapazitäten sind ein augenscheinliches Unterscheidungsmerkmal zu Großunternehmen. Die Startups verfügten über zu wenige Kapazitäten, die ein strategisches Controlling ermöglichten. Startups haben zwar flache Hierarchien und die Entscheidungs- und Informationswege sind kurz und daher sind diese Unternehmen sehr flexibel. Doch die Überlastung einzelner Entscheider verhindert das Nutzen dieses Vorteils. Dies ist begründet durch die fehlenden personellen Kapazitäten. Die eine ausführliche Planung, Steuerung und Kontrolle nicht zulässt. Somit kann der Unternehmer auch Aufgaben nicht delegieren. Dies führt letztendlich zur Überlastung des Unternehmers sowie zur verstärkten Orientierung und Einbindung in das Tagesgeschäft. Langfristige Ziele geraten in den Hintergrund und nur der kurzfristige Erfolg zählt. Dadurch sind die Startups auch nicht auf die Risiken vorbereitet und erkennen nicht die Chancen, die sich ihnen bieten durch die vermeintliche Flexibilität und Innovativität.

Führungs- und Organisationsstruktur

Die Führungsstruktur der untersuchten Startups ist sehr oft mit einer zentralen Unternehmerfigur und –persönlichkeit gleichgesetzt. Der Geschäftsführer ist zugleich Inhaber und Entwickler sowie Verwalter. Dadurch sind zwangsläufig alle Funktionen und Entscheidungskompetenzen in einer Person vereinigt. Dadurch hängen die strategischen Entscheidungen und zukünftigen Tätigkeiten maßgeblich von den Eigenarten und Interessen des Unternehmers ab, der zugleich der Eigentümer und die Leitfigur des Startups ist.

Diese Erkenntnis lässt sich auch durch eine Studie von FELTHAM et al. belegen. Hier bewerteten drei Viertel aller Unternehmer die Abhängigkeit des Unternehmens von der eigenen Persönlichkeit als sehr bedeutend. 64 Prozent der Unternehmer gaben auch an, dass in drei von fünf Unternehmensbereichen sie die Hauptverantwortung tragen (Personal, Einkauf, Vertrieb/Werbung, Finanzen/Rechnungswesen, Produktion) und alle Entscheidungen für diese Bereiche treffen.[118]

Bei den Startups waren ein geringer Formalisierungsgrad und eine gering ausgeprägte Abteilungsbildung vorhanden. Führungsaufgaben wurden kaum delegiert und die Unternehmer beharrten auf den autoritär-patriarchalischen Führungsstil. Aufgrund dieser Fixierung auf eine Person war eine Überlastung des Unternehmers erkennbar und dies führte zu einer Reihe von Problemen, was letztendlich auch zu intuitiven Entscheidungen durch den Unternehmer führte. Die Unternehmer waren oft überfordert das strategische Controlling alleine zu entwickeln und zu führen, was zu einer Improvisation führte. Dieses Fingerspitzengefühl ist jedoch in einer komplexen und dynamischen Situation nicht ausreichend. Weiterhin sind unzureichende betriebswirtschaftliche Kenntnisse und

[118] Vgl. Feltham et al. (2005), S. 4.

eine Form von Selbstüberschätzung erkennbar gewesen, was die Leistungsfähigkeit des Unternehmers gefährdete. Die zentrale Stellung des Unternehmers, bei, dem alle Entscheidungskompetenzen und Informationen vereint waren, bildete ein Risiko in den Startups. Die Konzentration auf eine Führungsentscheidente Person kann im Falle des Wegfalls dieser Person zu einem Problem für das Fortleben des Startups führen. Durch die zentrale Stellung des Unternehmers werden auch strategische Maßnahmen durch ihn initiiert. Diese Entscheidungen werden als Chefsache angesehen und läuft Gefahr getrieben zu sein von persönlichen Motivationen beeinflusst durch die Eigenschaften des Unternehmers. Dies ist letztendlich auch die Relevanz, die durch die Initiierung und Umsetzung der strategischen Prozesse gefördert wurde. Mit zunehmendem Wachstum und Größe des Startups nimmt der Einflussbereich des Unternehmers mit den dargestellten persönlichen Zielen, Motiven und Eigenschaften ab. Der Unternehmer in den Startups war jederzeit ein wichtiger und wesentlicher Einflussfaktor für den Fortgang der strategischen Konzepte.

Finanzielle Restriktionen

Die Eigenkapitalquote von Startups ist tendenziell gering, weil bei der Beschaffung von Eigenkapital Grenzen gesetzt sind. So war das auch bei den untersuchten Startups, die häufig durch Fremdkapital finanziert waren. Dabei wurden Banken und auch Business-Angels in Anspruch genommen. Besonders bei kleinen Unternehmen ist aufgrund von Basel II die Finanzierung für diese Unternehmen schwierig.[119] Aufgrund der neuen „Baseler Eigenkapitalvereinbarung" (Basel II), welche Ende 2006 in Kraft getreten ist, müssen sich die Unternehmen einem Ratingverfahren stellen. Mit Basel II gab es eine Änderung von quantitativen Beurteilungskriterien in jetzt qualitative

[119] Vgl. Kummert (2005), S. 158.

und zukünftige Bonitätseinschätzungen. Aufgrund dieses Ratingprozesses hat ein implementiertes Controlling System für die Beurteilung eine sehr hohe Relevanz erhalten.[120]

Mit zunehmendem Wachstum der Startups wächst neben der Eigenkapitalquote auch die Ertragskraft. Die Finanzierungsprobleme von Startups gelten auch als häufige Insolvenzursache, wie bereits im vorhergehenden Kapitel 3.5 erläutert wurde. Ein Problem hierfür ist auch das fehlende Controlling und die mangelnde Unternehmensführung, aufgrund auch von Überlastung des Unternehmers. Nach GLEICH/HOFMANN sind die finanzwirtschaftlichen Risiken bei KMU stärker ausgeprägt als wie die leistungswirtschaftlichen Risiken, was zu Liquiditätsengpässen führen kann.[121] Die Unabhängigkeit der Startups ist somit eng an die Eigenkapitalquote gebunden.

Technische Ausstattung

Die Startups verfügten über geringe Ausstattungen, die nicht mit etablierten Großunternehmen vergleichbar waren. Für die Controlling Software und Datensysteme war in allen Startups die nötige Hardware vorhanden. Dadurch konnten Daten gesammelt und auch analysiert werden. Das Hauptproblem lag weniger in der Beschaffung von internen Daten sondern eher bei der Beschaffung externer Informationen. Hier war eine Unterstützung notwendig gewesen. Insgesamt gibt es viele Softwarelösungen für die Startups (wie z. B.: Microsoft Navision, SAP-All-in-One-Lösung, Oxaion-Software, etc.). Probleme liegen oft in dem Outsourcing von der Buchhaltung, da externe Steuerberater gerade für Startups das Daten- und Zahlenmaterial verwalten und nutzen. Ob eine allumfassende Software genutzt wurde, hing vom Unternehmer ab, inwieweit er sich mit der Thematik auseinandersetzen wollte.

[120] Vgl. Flacke/Krol (2005), S. 149 ff.
[121] Vgl. Gleich/Hofmann (2006), S. 347.

Weitere Problembereiche:

- **Die vergangenheitsorientierte Führung**

Viele der Unternehmer führten das Startup vergangenheitsorientiert. Dies hängt mit der Einbindung des Unternehmers in das operative Tagesgeschäft zusammen und das der langfristigen Planung und Steuerung keine Bedeutung beigemessen wird. Außer einer Bilanz oder Kostenrechnungssysteme sind kaum Controlling Instrumente installiert gewesen.

- **Das unzureichende Informationswesen**

Aufgrund der mangelnden Zeit des Unternehmers und der fehlenden Kapazitäten werden relevante Informationen nicht beschafft. Besonders die externen Informationen sind oft schwer zugänglich oder deren Beschaffung mit Kosten verbunden. Hier zeigte sich die Unterstützung des Coaching als sehr hilfreich.

- **Die Steuerung und Kontrolle im informellen persönlichen Kontakt**

Unternehmer und Mitarbeiter haben einen engen Kontakt und gegenseitiges Vertrauen, gerade in den untersuchten Startups. Jedoch geben die Unternehmer nur bedingt die Entscheidungsgewalt oder Funktionen an die Mitarbeiter ab. Im Zusammenhang mit dem kaufmännischen und betriebswirtschaftlichen Wissen, den fehlenden Informationen und auch dem fehlendem Problembewusstsein sind die Entscheidungsprozesse oft unformalisiert.

- **Die Nachfolge-/Vertreterproblematik**

Der Rücktritt des Unternehmers oder auch Krankheit kann zu existenziellen Problemen führen, wenn keine Vertretungsregelung und Kompetenzübertragung vorgenommen wurde. In den untersuchten Startups gab es gefestigte Strukturen und die fehlende Führung stellte ein großes internes Risiko dar.

Die lag begründet in der mangelnden Übergabebereitschaft, Akzeptanzprobleme oder einer hohen finanziellen Belastung, wenn der Mitarbeiter aufgrund von Führungs- und Kompetenzgewalt ein höheres Einkommen verdient hätte.

6 Aufbau eines Wissensmanagements zur Vermeidung der erkannten Probleme

Um Geschäftsprozesse, Arbeitsabläufe und auch das strategische Management mit dem strategischen Controlling zu unterstützen, können Methoden und Instrumente für das Wissensmanagement eingesetzt werden. Das Wissen im Startup kann für die Steigerung der Wertschöpfung eingesetzt werden. Dazu muss sich das Unternehmen dem vorhandenen Wissen und auch externes Wissen bedienen. Diese Wissensbasis eines Unternehmens muss den Zielen des Unternehmens zuträglich sein, um auch vom Unternehmer beachtet zu werden.[122] Dabei muss zum einem das Wissen für die operative Tätigkeit zur Verfügung stehen, um dann im Unternehmen vernetzt alle Prozesse und Funktionen zu prägen.[123] Dieses Wissen ist zugleich der Erfolgsfaktor gerade bei Startups, die sich im Laufe ihres Wachstums sich entwickeln. Wenn die Wissensbasis aktuell geführt sind Auswirkungen auf Kostensenkung, Qualitätssteigerung und Zeitverbrauch zu erwarten.[124] Mit der Aufrechterhaltung der Wettbewerbsvorteile und der Steigerung von Flexibilität wird dieses Erfolgsstreben auch unterstützt. Dabei ist es wichtig, eine Grundbasis von Lernfähigkeit und Handlungsmöglichkeiten zu haben. Die Mitarbeiter sind der dynamischste Faktor der Wissensbasis, weil diese die Veränderung des Umfangs und Struktur von organisationalen Wissen mit einer Erweiterung und Ausbau der Handlungen und Problemlösungen schaffen.[125] Dadurch wird auch ein hoch qualifiziertes Personal geschaffen. Wissen beruht auf Daten und Informationen und ist an Mitarbeiter und materiellen Wissensträgern gebunden.

[122] Vgl. Probst et al. (1997).
[123] Vgl. Lehner (2008).
[124] Vgl. Amelingmeyer (2004).
[125] Vgl. Nonaka/Takeuchi (1997).

Diese müssen soweit transformiert werden, dass sie für das Unternehmen nützlich sind. Hochqualifizierte Mitarbeiter in Schlüsselpositionen müssen Ihr Wissen für alle im Unternehmen zugänglich machen und einen Wissensverlust durch Wegfall dieses Mitarbeiters zu vermeiden. Dazu können Datenbanken, Contentmanagementsysteme und Wissensmanagementsysteme installiert werden. Intellektuelles Kapital kann in der folgenden *Abbildung 22* dargestellt werden.

Humankapital	**Strukturelles Kapital**	**Relationales Kapital**
Fähigkeiten	Patente und Marken	Kunden
Kompetenzen	Methoden	Lieferanten
Erfahrung	Konzepte	Forschungsinvestitionen
Expertise	Prozesse	Investoren
Commitment	Kultur	Gesellschaft
Motivation	Infrastruktur	Andere Stakeholder
	Informationstechnologie	

Abb. 22: Intellektuelles Kapital[126]

Diese Formen von Wissen sind eine zentrale Ressource für Startups. Dies belegen Studien von BULLINGER et al. und DAVENPORT/PROBST, die belegen, dass mehr als 60 Prozent der Wertschöpfung im Unternehmen mit Wissen verbunden sind.[127] ERNST&YOUNG hingegen schätzen, dass nahezu 80 Prozent des vorhandenen Wissens in Unternehmen unsystematisch und nicht konsequent in deren Geschäftsprozesse eingesetzt werden.[128]

Wissensmanagement bietet insgesamt einen Überblick über Konzepte und Methoden um Wissen zu analysieren, bilanzieren und zu managen. Identifikation, Erwerben, Entwicklung, Verteilung, Nutzung und Bewahren von Wissen

[126] Vgl. ICMS (2005).
[127] Vgl. Davenport/Probst (2000).; Bullinger et al. (1997).
[128] Vgl. Housel/Bell (2001).

sind die sechs Kernprozesse eines Wissensmanagements.[129] Wissensmanagement ist nicht allein durch die Implementierung eines Wissensmanagementsystems oder einzelnen Maßnahmen erfolgreich. Es müssen Entscheidungen in der Gestaltungsdimension, im Personalwesen, in der Organisation und auch in der Unternehmenskultur getroffen werden. Es muss weiterhin in den Führungs- und Geschäftsprozessen berücksichtigt werden. Nur wenn alle Elemente als ganzheitliche Zielnatur berücksichtigt werden, kann da Wissensmanagement effizient sein.[130] Darüber hinaus müssen die Abhängigkeiten im System, die möglichen einwirkenden Faktoren und die strategischen, kulturellen, technologischen, menschlichen, Führungs- und Kontrollaspekte berücksichtigt werden.[131]

Dem Wissensmanagement wird großes Marktpotenzial zugewiesen und von Unternehmern wird auch eine hohe Bedeutung zugestanden. Dennoch gibt es nicht viele Unternehmen, die es einsetzen und Forschungsergebnisse werden, auch kaum umgesetzt.[132] HANNIG/LEHMANN haben in einer Studie aus dem Jahr 2000 die Anforderungen und den Nutzenzuwachs durch das Wissensmanagement ermittelt, siehe *Abbildung 23.*

Anforderung	Nutzenzuwachs in %
Zeitersparnis	92%
Kostenersparnis	88%
Qualitätsverbesserung	85%
Produktivitätszuwachs	76%
Transparenzerhöhung	66%

Abb. 23: Wissensmanagementanforderungen

[129] Vgl. Probst et al. (1997).
[130] Vgl. Dittmar/Gluchowski (2002).; Abecker et al. (2002):
[131] Vgl. Herschel/Yermish (2009).; Lehner (2008).
[132] Vgl. Trillitzsch (2004).

MERTINS et al. haben in einer ergänzenden Befragung Unternehmen zu den gewünschten Zielen interviewt. Demnach gaben 75 Prozent an, mit dem Wissensmanagement die Kundenzufriedenheit zu erhöhen, 73 Prozent die Innovationskraft zu stärken, 71 Prozent die Produktqualität zu verbessern und 64 Prozent wollen die Kosten reduzieren.[133]

Wie kann so ein Wissensmanagementmodell eingeführt werden?

Dazu hat sich das Fraunhofer-Institut mit einem geschäftsprozessorientierten Wissensmanagementmodell auseinandergesetzt und folgendes Referenzmodell entwickelt, siehe *Abbildung 24*.

Abb. 24: Referenzmodell von Fraunhofer Institut zum Wissensmanagement[134]

[133] Vgl. Mertins et al. (2003).
[134] Vgl. Heisig (2002).

Bei diesem Modell wird von folgenden Ausgangssituationen ausgegangen:

- Das Wissen wird in Geschäftsprozesse eingesetzt.
- Eine Verknüpfung mit operativen Tätigkeiten muss gegeben sein.
- Es gibt unterschiedliche Ausprägungen der Geschäftsprozesse.
- Geschäftsprozesse sind kontextbezogen und bieten einen Bezug zum Personal.
- Geschäftsprozesse sind unabhängig zur Unternehmenskultur.
- Das Geschäftsprozessorientierte Wissensmanagement bezieht die Akteure wegen der Akzeptanz derjenigen mit ein.

Für die Einführung eines Wissensmanagementmodell nach einem Kennzahlenorientierten Ansatz müssen die Daten und Informationen so aufbereitet und genutzt werden, dass kein Informationsüberfluss entsteht. Von der vorausschauenden Unternehmenssteuerung werden Informationen aus dem strategischen Controlling genommen. Hilfreich sind auch Managementinformationssysteme die bereits bestehende Kennzahlen in Form von Datenreihen sich zu Trendzahlen entwickeln lassen. Der Wissensfluss ist für die Optimierung der Kennzahlensysteme notwendig. Es werden die Kennzahlen verwendet, die auch für die Entscheidungsprozesse wichtig sind. Dabei wird auf folgende Punkte Wert gelegt:

- Die Unternehmensziele,
- Die Unternehmensstrategie,
- Das Organisationsmanagement,
- Die Unternehmens- und Geschäftsprozesse,

- Die Daten und Informationen.

Die Kennzahlen, die die Unternehmensziele quantifizieren, müssen mit den operativen Kennzahlensystemen verbunden werden, was in der folgenden *Abbildung 25* verdeutlichet wird.

Abb. 25: Das kennzahlenbasierte Wissensmanagementsystem

Bei der Konzeption und Einführung des Wissensmanagementsystems bietet sich ein Implementierungskonzept an, siehe *Abbildung 26*.

Bei diesem generischen Vorgehensmodell wird das Wissensmanagementsystem durch einen Projektleiter eingeführt und die Mitarbeiter sind im strategischen Planungsprozess mit integriert. Für die Informationen und die Daten, die benötigt werden, können die in der Fallstudie eingesetzten strategischen Controlling Instrumente benutzt werden.

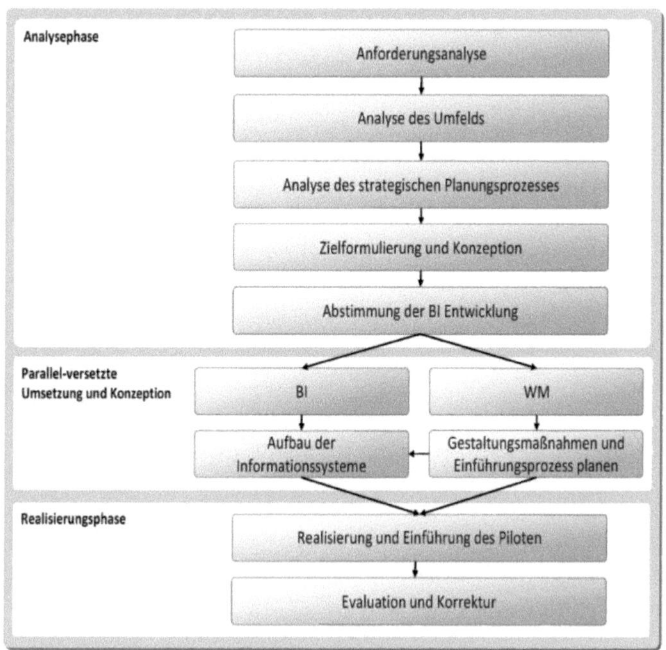

Abb. 26: Wissensmanagement im strategischen Planungsprozess[135]

[135] Cissek (2010), S. 194.

7 Unternehmenskultur als relevanter Erfolgsaspekt

Neben den offensichtlichen und fassbaren Methoden gibt es auch andere unterstützenden Variablen für die Umsetzung und Akzeptanz von Strategischer Unternehmensplanung. Die Unternehmenskultur übernimmt eine solche unterstützende Funktion und wird daher auch hier im Kapitel vorgestellt. Das unternehmerische Handeln ist neben der Organisationsstruktur und den Prozessabläufen geprägt durch informale, nicht dokumentierte Grundannahmen und Regeln, den Umgang mit Kunden, Lieferanten und Mitarbeitern. Welche Wert- und Normvorstellungen führen mit den Denk- und Verhaltensweisen zu bestimmten Handlungen der Mitglieder eines Unternehmens? Diese abstrakten Faktoren werden als „Unternehmenskultur“[136] bezeichnet. Unternehmenskultur wird von vielen Autoren, welche sich mit Strategischem Management auseinandersetzen, als einer der entscheidenden Erfolgsfaktoren angesehen.[137] In verschiedenen Forschungsarbeiten wurden positive Zusammenhänge zwischen Unternehmenskultur und Unternehmenserfolg nachgewiesen.[138] Im deutschsprachigen Raum gibt es kaum Untersuchungen, lediglich eine Studie aus dem Jahr 2005, in der DEEP/WHITE in 33 Unternehmen den Zusammenhang von Werteorientierung und Unternehmenserfolg untersuchte. Konzepte zur Unternehmenskultur werden von Autoren wie SCHEIN, TÜRCK oder auch SACKMANN erstellt.[139] Diese Forscher sind sowohl psychologisch als auch betriebswirtschaftlich ausgerichtet.

---

[136] Vgl. Heinen/Frank (1997).
[137] Vgl. Bea/Haas (2005).
[138] Vgl. Wilderom et al. (2000).
[139] Vgl. Sackmann (2002).; Türck (1989).; Schein (1985).

SCHEIN hat in seinem Drei-Stufen-Modell den Begriff Kultur mit den dazugehörigen Phänomenen „Anerkennung“ und „Anwendung“ eingegrenzt. In diesem Modell, siehe *Abbildung 27*, werden die Phänomene nach der Wahrnehmung geordnet.

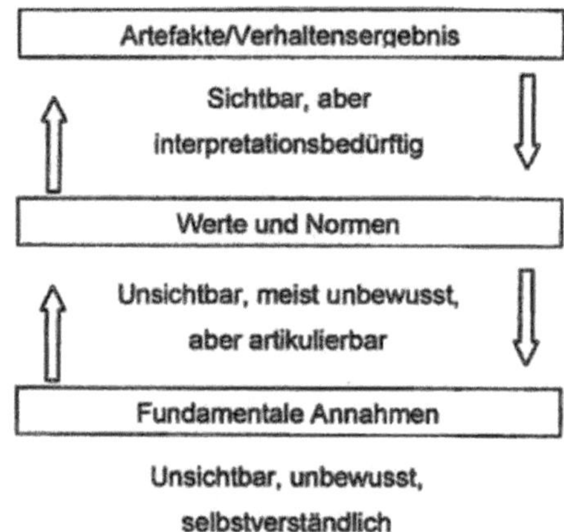

Abb. 27: Drei-Stufen-Modell der Kultur[140]

Auf der tiefsten und gehaltsvollsten Ebene befinden sich die fundamentalen Annahmen, die „basic assumptions“. Dabei handelt es sich oft um Selbstverständlichkeiten, die auf Erfahrungen und Gewohnheiten beruhen. Die Werte und Normen auf der mittleren Ebene sind oft wünschenswert und betreffen das soziale Verhalten und sind somit „propagierte Werte“. Die Artefakte bilden die sichtbare Ebene der Kultur. Schwierig ist die Unterscheidung, ob das Unternehmen eine Kultur „hat“ (instrumenteller Begriff) oder eine Kultur „ist“ (institutioneller Begriff). Im ersten Fall hat das Management einen hohen Gestaltungsspielraum und kann hierbei bewusst auf die zukünftige Ausrichtung einwirken, im zweiten Fall ist die Kultur das Resultat aus den Erwartungen und Bedürfnissen der Individuen.

[140] Bundesministerium für Arbeit und Soziales (2005), S. 37.

Eine hohe Funktion haben folgende Punkte für die Unternehmenskultur:

- Koordinationswirkung (einheitliches, akzeptiertes Orientierungs-muster),
- Integrationswirkung (Vermittlung von Solidarität und Rollen-sicherheit),
- Motivationswirkung (Zusammengehörigkeitsgefühl),
- Repräsentationswirkung (Außenwirkung).

Neben diesen Punkten gibt es weitere Einflusselemente, die auf die Unternehmenskultur einwirken. Die Unternehmensziele, die Unternehmensstrategie, die Organisation, das Führungsverhalten, die Branche, die Gesellschaft und das Individuum.[141] Die Unternehmenskultur hat einen Einfluss auf die Entstehung und Gestaltung des Zielsystems einer Unternehmung und somit letztendlich auf die Strategische Planung. Das Normen- und Wertesystem eines Unternehmens bringt Präferenzen zum Ausdruck. Strategische Ziele können in der Geschäftsführung entwickelt und dann mittels Top-Down vorgegeben werden, oder sie werden unter Einbeziehung sämtlicher hierarchischer Ebenen entwickelt und mittels Bottom-Up umgesetzt. In der Realität sind beide Varianten oft miteinander verknüpft. Eine Offene, basisorientierte, den Mitarbeiter als Mitglied und nicht als Ausführungsorgan berücksichtigende Unternehmenskultur, wird oft eine Beteiligung aller Hierarchieebenen an der Strategischen Planung anstreben.

Bei der Gestaltung des Zielsystems (Arten-, Höhen-, Sicherheits- und Zeitpräferenz) besteht zur Unternehmenskultur nicht nur auf operativer Ebene, sondern auch gerade auf strategischer Ebene ein Zusammenhang. Eine Gefahr besteht allerdings, wenn eine „unternehmenskulturfremde“ Führung strategische Entscheidungen fällt, was oft nach Akquisition passiert. Dabei werden unternehmenskulturelle Faktoren oft unterschätzt. Dies kann auch passieren bei einer strategischen Neuorientierung, bei, der auf diese Faktoren wenig

[141] Vgl. Huber (2008), S. 27.

Wert gelegt wird. Unternehmenskultur entsteht in einem langjährigen evolutionären Prozess und ist bei der Strategischen Planung mit zu berücksichtigen. Wie die Unternehmenskultur mit der Strategischen Planung vernetzt ist, kann in der nachfolgenden *Abbildung 28* dargestellt werden.

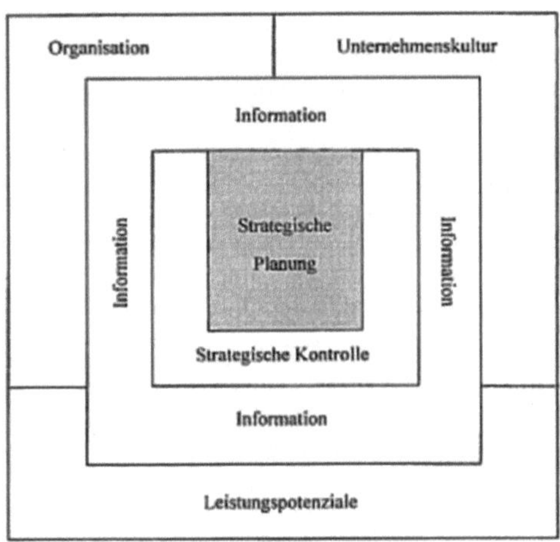

Abb. 28: Strategische Planung[142]

Die Unternehmenskultur wird auch als übergeordnetes Leitbild der Unternehmensführung betrachtet. Es wird auch von einem ethischen Rahmen als Fundament einer gesunden Wirtschaft gesprochen.[143]

Zusammenfassend kann daher festgestellt werden, dass die Unternehmenskultur ein Teil der Strategischen Unternehmensplanung und somit auch eine Voraussetzung ist.

[142] Bea/Haas (2001), S. 43.
[143] Vgl. Koeppe (2004), S. 147 ff.

8 Risikomanagement zur Vorbeugung von Problemen für Startups

Bereits bei der Betrachtung von Lebenszyklusmodellen in *Kapitel 2.2* wurde klar aufgezeigt, dass junge Startups in ihren Entwicklungsphasen und Wachstumsphasen mit Risiken und Krisen umzugehen haben. Wie können junge Kleinunternehmen damit umgehen? Dies wird in den folgenden zwei Kapiteln aufgezeigt. Ein Risiko besteht in der Entscheidungstheorie, wenn bei einer bekannten Wahrscheinlichkeitsverteilung der Umweltzustände von einem Entscheidungsproblem gesprochen wird. Sind dagegen die möglichen Umweltzustände bekannt, aber die Wahrscheinlichkeit des jeweiligen Eintretens (zunächst) nicht, wird dies als Ungewissheit bezeichnet.[144] In einer weiteren Eingrenzung wird Risiko als Gefahr einer negativen Abweichung des tatsächlich erreichten Ergebniswertes vom erwarteten Ergebniswert, definiert.[145] Vielfach wird aber auch nur die Gefahr von Verlusten, als Risiko verstanden.[146] Jedem Risiko stehen in der Regel auch Chancen gegenüber, das geplante Ergebnis zu erreichen oder sogar zu übertreffen. So wird in einer weiteren Auslegung des Risikobegriffes, Risiko als Möglichkeit positiver und negativer Abweichungen des Ergebnisses vom erwarteten Wert definiert. Hierbei wird zwischen asymmetrischen und symmetrischen Risiken unterschieden. *Asymmetrische Risiken* können die Zielerreichung ausschließlich negativ beeinflussen. Dagegen können sich *symmetrische Risiken* sowohl positiv als auch negativ auf die Zielerreichung auswirken.[147]

---

[144] Vgl. Rogler (2002), S. 8.; Gleißner/Meier (2001), S. 121.; Corsten (2001), S. 142.
[145] Vgl. Mülhaupt (1980).
[146] Vgl. Rogler (2002), S. 5.
[147] Vgl. Hölscher/Elfgen (2002), S. 5 f.

Der Begriff Risikomanagement wird unterschiedlich betrachtet. So reichen Definitionen von der reinen Schadensverhütung bis hin zur integrierten Führungsfunktion. Die Aufgabe des Risikomanagements ist, zukünftige risikobehaftete Entwicklungen frühestmöglich zu identifizieren, zu analysieren, zu bewerten und fortlaufend zu überwachen, um rechtzeitig geeignete Gegensteuerungsaßnahmen ergreifen zu können und die nachhaltige Existenz sicherzustellen. Dies bedeutet einerseits, dass Risiken bewusst eingegangen werden, um die gleichzeitig bestehenden Chancen ausnutzen zu können, und andererseits, dass Maßnahmen ergriffen werden, um die mit den Risiken verbundenen Verluste zu vermindern. Dabei unterliegt aber auch das Risikomanagement dem Wirtschaftlichkeitsprinzip und sollte unternehmerische Initiativen, Innovationen und Wachstum nicht durch eine restriktive Risikopolitik oder durch erheblichen bürokratischen Aufwand verhindern, sondern mithelfen, Gewinnpotenziale realistisch einzuschätzen und zu realisieren.[148]

Das *strategische Risikomanagement* bildet die Grundlage des gesamten Risikomanagementprozesses. Es umfasst alle unternehmerischen Maßnahmen zum Umgang mit Risiken, die auf eine nachhaltige Steigerung des Unternehmenswertes abzielen, und ist Bestandteil der strategischen Unternehmensführung. Dabei geht es vor allem um die Vorgaben einer Risikostrategie. Beim *operativen Risikomanagement* geht es um die Implementierung und dynamische Weiterentwicklung einer Risikokultur im Gesamtunternehmen sowie um eine wertorientierte Unternehmenssteuerung. Dabei ist es im Wesentlichen für die Identifikation, Bewertung und Steuerung der operativen Risiken im Rahmen des Leistungserstellungsprozesses und für die Umsetzung der Risikostrategie in den Teilbereichen des Unternehmens verantwortlich. Für die Eingrenzung und Kontrolle der möglichen Risiken sind

[148] Vgl. Gleißner/Meier (2001), S. 61.; Reichmann (1997), S. 605.

Aktionspläne und Arbeitsanweisungen für die konkrete Durchführung aufzustellen.[149]

Der Risikomanagementprozess ist vergleichbar mit vielen anderen Prozessabläufen, siehe *Abbildung 29*. Nach der Identifikationsphase erfolgt eine Risikobewertung und eine Risikosteuerung und abschließend eine Risikoüberwachung. In allen vier Phasen erfolgt eine Prozessüberwachung.

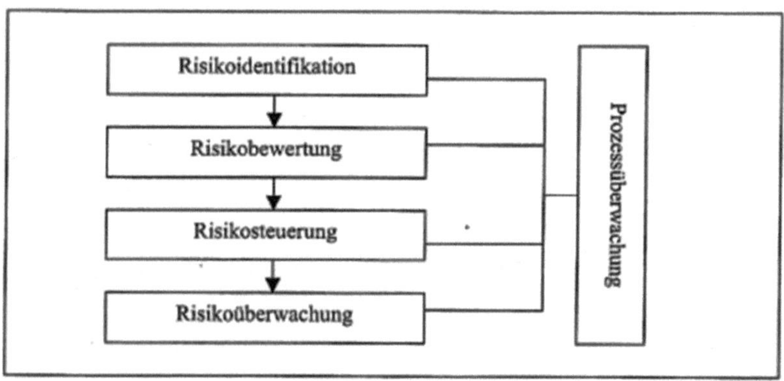

Abb. 29: Der Risikomanagementprozess[150]

[149] Vgl. Coenen (2007), S. 19.
[150] Schröer (2007), S. 46.

9 Krisenmanagement als Reaktion auf Probleme für Startups

In KMU sind strategische Krisen die häufigsten Ursachen für Unternehmensinsolvenzen.[151] Da die Unternehmen häufig nur in wenigen Geschäftsfeldern tätig sind, ist die Anfälligkeit bei strategischen Fehlentscheidungen sehr groß.[152] Krisenmanagement beinhaltet somit die Planung, Steuerung und Kontrolle von Maßnahmen zur Kompensation möglicher Krisen, zur Vermeidung latenter Krisen zur aktiven und reaktiven Abwehr bereits erkannter Krisen sowie zur Abmilderung der Insolvenzfolgen.[153] Ein umfassendes Krisenmanagement beinhaltet somit Maßnahmen gegen die bereits eingetretenen Krisen sowie gegen noch nicht eingetretene Krisen. Somit ist ein Krisenmanagement unerlässlich, wenn in KMU strategische Unternehmensplanungen vorgenommen werden. Das aktive Krisenmanagement richtet sich gegen Krisen, von welchen kurzfristig noch keine unmittelbare Bedrohung für das Unternehmen ausgeht. Seine Aufgabe besteht in der Verhinderung von Unternehmenskrisen durch gedankliche Vorwegnahme möglicher Krisenprozesse und in der Früherkennung und präventiven Bekämpfung bereits vorhandener, nicht erkennbarer Krisenprozesse. Somit hat das aktive Krisenmanagement einen offensiven Charakter.[154] Beim aktiven Krisenmanagement ist eine Unterscheidung in antizipatives und präventives Krisenmanagement möglich. Das antizipative Krisenmanagement beschäftigt sich mit potenziellen Unternehmenskrisen, welche in dem Unternehmen in zukünftigen Perioden entstehen könnten. Durch

[151] Vgl. Salm (2002), S. 12.
[152] Vgl. von der Horst (2000), S. 9 ff.
[153] Vgl. Krystek/Müller-Stewens (1993), S. 27 ff.
[154] Vgl. Gless (1996), S. 43.

eine gedankliche Vorwegnahme möglicher Krisenprozesse sowie durch eine Bereitstellung von Gegenmaßnahmen versucht dieses, möglichen Krisen zuvorzukommen. Das präventive Krisenmanagement beschäftigt sich mit der frühzeitigen Identifikation bereits vorhandener Unternehmenskrisen durch Frühwarnsysteme.[155]

Der Prozess des antizipativen Krisenmanagements startet mit einer Suche nach potenziellen Unternehmenskrisen und deren anschließenden Beschreibung. Dies geschieht auf der Basis von Analysen und Prognosen, welche auf mögliche Gefährdungsbereiche bzw. Schwachstellen ausgerichtet sind. Der Versuch der Früherkennung „schwacher Signale“ und möglicher strategischer Krisen kann dem Prozess der Identifikation von potenziellen Unternehmenskrisen im Rahmen des antizipativen Krisenmanagements zugesprochen werden. Auf der Basis der identifizierten potenziellen Unternehmenskrisen werden nun konkrete Maßnahmen strategischen und operativen Charakters entwickelt. Diese sollen die potenziellen Krisen vermeiden. Für die Ergebnis- und Finanzwirksamkeit der Maßnahmen wird hierzu auf die Teilpläne der Unternehmensplanung zurückgegriffen. Es werden „Alternativpläne“ zur Abwehr potenzieller Krisen verabschiedet, welche einen Teil der strategischen Unternehmensplanung darstellen. Bei der Wahrnehmung der identifizierten potenziellen Krisen bzw. nach Verabschiedung der Alternativpläne werden Alternativprojekte abgeleitet. Diese werden bei Eintritt der jeweiligen Anwendungssituationen durchgeführt. Alternativpläne benötigen eine permanente Überprüfung der zugrunde gelegten Ziele und Prämissen. Die Veränderungen von internen bzw. externen Gegebenheiten können dann einen erneuten Planungsprozess auslösen.[156]

[155] Vgl. Geißler (1995), S. 61.
[156] Vgl. Geißler (1995), S. 59 f.

Strategische Entwicklungen müssen in einem Frühwarnsystem erfasst werden. Anforderungen an diese Systeme können wie folgt beschrie ben werden:

- Entdeckung strategischer Diskontinuitäten, um dem Management die Möglichkeit auf eine rechtzeitige Reaktion auf diese einzuräumen.
- Schaffung eines zeitlichen Vorlaufs, welcher dem Management die Möglichkeit gibt, auf Umweltveränderungen durch die Änderung bestehender Strategien bzw. Erstellung neuer Strategien zu reagieren.
- Verbesserung der Informationsbasis des Managements für langfristige Entscheidungen[157]

Unternehmen müssen sowohl in der operativen als auch in der strategischen Planung tätig sein, um einen nachhaltigen Unternehmenserfolg langfristig generieren zu können. Die Entwicklung der strategischen Frühaufklärung wurde grundlegend von Ansoffs Konzept der „schwachen Signale" („weak signals") bestimmt. Das Ziel Ansoffs bei deren Erfassung war die Erkennung strategischer Diskontinuitäten. Solche Diskontinuitäten können erhebliche Auswirkungen auf den strategischen Erfolg eines Unternehmens haben. Sie sind schwer zu prognostizieren, jedoch können die „schwachen Signale" angekündigt werden.[158] Bei „schwachen Signalen" handelt es sich meist um wenig strukturierte, qualitative Informationen, für welche es mehrere Möglichkeiten der Interpretation gibt. Bei ihnen besteht grundsätzlich die Gefahr, dass sie aufgrund einer nicht exakt möglichen Interpretation gar nicht erst an die erforderlichen Stellen weitergeleitet werden bzw. dass die Informationen von diesen Stellen aufgrund ihrer nicht eindeutigen Interpretierbarkeit und der schlechten Strukturierung nicht beachtet werden. Beispiele für schwache Signale sind Tenden-

[157] Vgl. Geißler (1995), S. 114 f.
[158] Vgl. Ansoff (1975), S. 129.

zen in der Rechtsprechung oder die Wahrnehmung neuer Produktionstechniken. Übersieht das Management derartige Signale, so können hierdurch aufgrund fehlender Informationen Entscheidungen getroffen bzw. unterlassen werden, welche das Unternehmen in eine Krisensituation führen könnten. Diesen Signalen kommt in immer schneller wandelnden Märkten daher heute eine größere Bedeutung zu.[159] Um auf erwartete strategische Diskontinuitäten flexibel reagieren zu können, schlägt ANSOFF abgestufte Reaktionen vor. Er teilt strategische Diskontinuitäten in fünf Ungewissheitszustände ein. Diese reichen von einem Gefühl für eine Chance/Gefahr bis hin zum konkret bekannten Ergebnis.

Bei der Identifikation, Erfassung, Dokumentation und Handhabung „schwacher Signale" sind „Scanning" und „Monitoring" wichtige Basisaktivitäten. Scanning filtert ständig „schwache Signale" aus dem Umfeld des Unternehmens. Hierfür ist die Kenntnis des Ortes der Beobachtung sowie das Vermögen, intuitiv relevante Signale zu erkennen, Voraussetzung. Es sind keine analytischen sondern eher die kreativen Fähigkeiten erforderlich. Werden Signale durch das Scanning herausgefiltert, so beginnt der Prozess des Monitoring. In diesem gilt es nun, analytisch eine vertiefende Untersuchung der herausgefilterten Signale durchzuführen und diese gegebenenfalls dauerhaft zu beobachten. Weiterhin soll den Signalen ein Chancen- bzw. ein Bedrohungscharakter zugeordnet sowie denkbare Auswirkungen dargestellt werden. Der Prozess des Monitoring wird im Grundmodel durch die „Erfassung und Dokumentation schwacher Signale" vollzogen.[160] Mögliche Quellen, die für jedes Unternehmen zugänglich sind, sind die Tageszeitungen, die oft im Vorfeld von gesetzlichen Veränderungen darüber diskutieren.[161] Die Quellen schwacher Signale beinhalten grundsätzlich Informationen von

[159] Vgl. Geißler (1995), S. 119.
[160] Vgl. Krystek/Müller-Stewens (1993), S. 175 ff.
[161] Vgl. Gieschen (2003), S. 26.

Sendern wie Nachrichten, Visionen, Ideen usw. Somit übernehmen die Sender die Aufgabe der Aggregation und Vorauswahl der Informationen. Ein direktes Beobachten der Sender ist aufgrund der großen Anzahl aus wirtschaftlichen Gründen nur in Ausnahmefällen sinnvoll.

Sender können u.a. Trendsetter, Experten, Erfinder, Wissenschaftler oder Politiker sein. Indirekte Quallen sind u.a. Zeitschriften und Zeitungen, Forschungsinstitute, Netzwerke oder Scanning Dienste.[162]

Bei der Auswahl und Sichtung von Quellen sollte darauf Wert gelegt werden, Mitarbeiter für die jeweiligen Bereiche einzubinden, welche durch Fachwissen und Vorausdenken in diesem Bereich innerhalb des Unternehmens hervorstechen. Die Bildung von „Scanner-Teams" für die jeweiligen Bereiche kann hier sinnvoll sein.[163]

Zur Organisation des Scanning können folgende Maßnahmen für KMU empfohlen werden:

1. Rekonstruktion des aktuellen Informationsverhaltens und Informations-spektrum.

   Ziel: Feststellung des Informationsbedarfs und der Informationslücken.

2. Festlegung der regelmäßig auszuwertenden Quellen.

   Ziel: Nutzung von mehr Quellen bei geringerem Zeitaufwand.

3. Erweiterung des Beobachtungsbereichs auf nicht direkt mit dem Fachbereich in Verbindung stehende Quellen.

   Ziel: Erkennung möglicher „Drittvariablen", welche Relevanz für den eigenen Fachbereich haben könnten.

[162] Vgl. Krystek/Müller-Stewens (1993), S. 179.
[163] Vgl. Steinle/Bruch (2003), S. 378.

4. Untersuchung der Meldefrequenzen und Suche nach Vorläuferquellen.

   Ziel: Frühzeitigere Meldungen sowie Umgehung von Informationsverzerrungen.

5. Schulung der zum kreativen Denken notwendigen Fähigkeiten

   Ziel: Zunahme der entdeckten relevanten Signale.[164]

Bei der Auswahl der Quellen ist es auch hilfreich, bereits erfolgreiche Quellen mit einzubeziehen.

Zusammenfassend ist festzustellen, dass in jungen Kleinunternehmen nicht nur stetiges Wachstum zu verzeichnen ist. Junge Kleinunternehmen müssen sich gerade in der Gründungsphase und Anlaufphase bewusst sein, dass es Risikofelder gibt und dass auch Krisen eintreffen können. Daher sind eine kontinuierliche Auseinandersetzung mit Signalen und eine entsprechende Vorbereitung mit Einbindung aller Mitarbeiter notwendig um diese Gefahren zu meistern.

[164] Vgl. Krystek/Müller-Stewens (1993), S. 178 ff.

Quellenverzeichnis

Abecker, A./Hinkelmann, K./Maus, H./Müller, H.J. (2002): Geschäftsprozessorientiertes Wissensmanagement, Berlin.

Aigner, H. (1997): Strategische Instrumente für Klein- und Mittelbetriebe, in: Mayr, A./Stiegler, H. (Hrsg.): Controllinginstrumente für Klein- und Mittelbetriebe in Theorie und Praxis, Linz, S. 1-20.

Amelingmeyer, J. (2004): Wissensmanagement, Wiesbaden.

Ansoff, I. (1975): Managing Strategic Surprise by Response to Weak Signals, California Management Review, Vol. 18, No. 2, S. 21-33.

Baum, H.G./Coenenberg, A.G./Günther, T. (1999): Strategisches Controlling, 2. Auflage, Stuttgart.

Bea, F.X./Haas, J. (2001): Strategisches Management, 3. Auflage, Stuttgart.

Becker, A./Piser, M. (2003): Controlling als reflexive Steuerung von Organisationen, Stuttgart.

Becker, T. (2005): Prozesse in Produktion und Supply Chain optimieren, Berlin/Heidelberg.

Becker, W. (2001): Strategisches Management, 5. Auflage, Bamberg.

Bullinger, H.J./Wörner, K./Prieto, J. (1997): Wissensmanagement heute, Daten, Fakten, Trends, Stuttgart.

Burkert, M. (2008): Qualität von Kennzahlen und Erfolg von Managern, Wiesbaden.

Cissek, P. (2010): Strategische Unternehmensplanung in einer Data Warehouse-Umgebung unterstützt durch ein Wissensmanagementsystem, Oldenburg.

Coenen, C.A. (2007): Möglichkeiten und Grenzen des Einsatzes von Bilanzsimulation im strategischen Risikomanagement.

Corsten, H. (2001): Dienstleistungsmanagement, 4. bearbeitete und erweiterte Auflage, München.

Davenport, T.H./Probst, G. (2000): Knowledge Management case Book, Erlangen.

Dittmar, C./Gluchowski, P. (2002): Synergiepotenziale und Herausforderungen von Knowledge Management und Business Intelligence, in: Hannig, U. (Hrsg.): Knowledge Management und Business Intelligence, Berlin.

Dumont du Voitel, R. (1990): Operationalisierung der strategischen Planung durch das Strategische Controlling, in: Horváth, P. (Hrsg.): Strategieunterstützung durch das Controlling, Revolution im Rechnungswesen?, Stuttgart, S. 123-145.

Eggers, B./Eickhoff, M. (1996): Instrumente des strategischen Controlling, Wiesbaden.

Feggeler, A./Husmann, U. (2000): Probleme der Kennzahlenanwendung in Unternehmen, in: Institut für angewandte Arbeitswissenschaft e.V. (Hrsg.): Erfolgsfaktor Kennzahlen, Köln, S. 15-55.

Feltham, T./Feltham, G./Barnett, J. (2005): The Dependence of Family Business on a Single Decision-Maker, in: Journal of Small Business Management, Jg. 43, Heft 1, S. 1-15.

Flacke, K./Krol, F. (2006): Die Bedeutung der veränderten Finanzierungsrahmenbedingungen für das Controlling mittelständischer Unternehmen – Theoretische Betrachtung und empirische Erkenntnisse über den Stand der Umsetzung, in: Lingau, V. (Hrsg.): Einsatz von Controllinginstrumenten im Mittelstand, Konferenz Mittelstandscontrolling 2005, Band 3, Köln, S. 1-17.

Geißler, H. (1995): Arbeit – Lernen – Organisation, Ein Handbuch.

Gieschen, G. (2003): Wie junge Unternehmen Krisen bewältigen können.

Gleich, R./Hofmann, S. (2006): Controlling, in: Pfohl, H.C. (Hrsg.): Betriebswirtschaftslehre der Mittel- und Kleinbetriebe, Größenspezifische Probleme und Möglichkeiten zu ihrer Lösung, 4. Auflage, Berlin, S. 331-355.

Gleißner, W./Meier, G. (2001): Wertorientiertes Risikomanagement für Industrie und Handel, Methoden, Fallbeispiele, Checklisten, Wiesbaden.

Gless, S.E. (1997): Unternehmenssanierung: Grundlagen-Strategien – Maßnahmen, Wiesbaden.

Hegglin, A./Kaufmann, H. (2003): Controlling in KMU: Zweckmäßige Controllinginstrumente in Klein- und Mittelunternehmen, in: Der Schweizer Treuhänder, Heft 5, 77. Jahrgang, S. 359-368.

Heigl, A. (1989): Controlling – Interne Revision, Stuttgart/New York.

Heinen, E./Frank, M. (1997): Unternehmenskultur: Perspektiven für Wissenschaft und Praxis, Oldenburg.

Heisig, P. (2002): GPO WM: Methode und Werkzeuge zum geschäftsprozessorientierten Wissensmanagement; in: Abecker, A./Hinkelmann, K./Maus, H./Müller, H.J.: Geschäftsprozessorientiertes Wissensmanagement, S. 47-64.

Herschel, R./Yermish, I. (2009): Knowledge Management in Business Intelligence; in: King, W.R.: Knowledge Management and Organizational Learning, Berlin, S. 138-142.

Hildebrand, R. (2001): Qualitätsmanagement und Qualitätssicherung im Netz, in: Hellmann, W.: Management von Gesundheitsnetzen, Stuttgart, S. 140-154.

Hölscher, R./Elfgen, (2002): Herausforderung Risikomanagement: Identifikation, Bewertung und Steuerung industrieller Risiken, Wiesbaden.

Horváth, P. (2000): Das Controllingkonzept: Der Weg zu einem wirkungsvollen Controllingsystem, 4. Auflage, München.

Horváth, P. (2006): Controlling, 10. Auflage, München.

Horváth & Partner (2004): Balanced Scorecard, Stuttgart.

Horváth, P./Weber, J. (1997): Controlling; in: Pfohl, H.C.: Betriebswirtschaftslehre der Mittel- und Kleinbetriebe: Größenspezifische Probleme und Möglichkeiten zu ihrer Lösung, 3. Auflage, Berlin, S. 335-376.

Housel, T.J./Bell, A.H. (2001): Measuring and Managing Knowledge.

Huber, A. (2008): Praxishandbuch Strategische Planung – Die neun Elemente des Erfolgs, Berlin.

ICMS o. V. (2005): Firm resources and capabilities. http://intelectualcapital-managementsystems.com/iframe.htm.; zuletzt geprüft am 10.10.2009

Kaplan, R. S./Norton, D. P. (1996): Using the Balanced Scorecard as a Strategic Management System, in: Harvard business review, Vol. 76, Nr. 1, S. 75-85.

Kerth, K./Asum, H. (2008): Die besten Strategietools in der Praxis, 3. erweiterte Auflage, München.

Klett, Ch./Amen, M./Klein, H./Pivernetz, M. (2000): Controlling in kleinen und mittleren Unternehmen, Band 2, 2. Auflage, Berlin.

Klett, Ch./Pivernetz, M./Hauke, D. (1998): Controlling in kleinen und mittleren Unternehmen, Band 1, 2. Auflage, Berlin.

Koenig, J. (2004): Ein Informationssystem für das strategische Management in KMU, in: Meyer, J. (Hrsg.): Kleine und mittlere Unternehmen; Band 6, 1. Auflage; Lohmar/Köln.

Koeppe, H.D. (2004): Die Wahrnehmung von Nachhaltigkeit in anderen Kulturen, in: Dietzfelbinger, D./Thurm, R. (Hrsg.): Nachhaltige Entwicklung: Grundlage einer neuen Wirtschaftsethik, München/Mering.

Kosmider, A. (1994): Controlling im Mittelstand: Eine Untersuchung der Gestaltung und Anwendung des Controlling in mittelständischen Industrieunternehmen, 2. Auflage, Koblenz.

Krystek, U./Müller-Stewens, G. (1993): Frühaufklärung für Unternehmen: Identifikation und Handhabung zukünftiger Chancen und Bedrohungen, Stuttgart.

Küpper, H.U. (1987): Konzeption des Controlling aus betriebswirtschaftlicher Sicht, in: Scheer, A.W. (Hrsg.): Rechnungswesen und EDV, 8. Saarbrücker Arbeitstagung, Heidelberg, S. 82-116.

Küpper, H.U. (2001): Controlling, 3. Überarbeitete und erweiterte Auflage, Stuttgart.

Kummert, B. (2005): Controlling in kleinen und mittleren Unternehmen, Vom Geschäftsprozessmodell zum Controller-Profil, Wiesbaden.

Kunesch, H. (1995): Besonderheiten des Controlling in Klein- und Mittelbetrieben; in: Eschenbach (Hrsg.): Controlling, Stuttgart.

Legenhausen, C. (1998): Controllinginstrumente für den Mittelstand, Wiesbaden.

Lehner, F. (2008): Wissensmanagement, München.

Liesmann, K. (1990): Strategisches Controlling als Aufgabe des Management, in: Meyer, E./Weber, J. (Hrsg.): Handbuch Controlling, Stuttgart, S. 304-323.

Liesmann, K. (2001): Strategisches Controlling – Konzept, Werkzeuge, Umsetzung; in: Freidank, C./Mayer, E.: Controlling-Konzepte, Neue Strategien und Werkzeuge für die Unternehmenspraxis, S. 3-102.

Lybaert, N. (1998): The association between information gathering and success in industrial SMEs: the case of Belgium; in: Entrepreneurship and Regional Development, Jahrgang 10, Heft 4, S. 335-351.

Mann, R. (1983): Der Controlling-Berater, Band 2, Freiburg.

Mann, R. (1990): Strategisches Controlling, in: Mayr, E./Weber, J. (Hrsg.): Handbuch Controlling, Stuttgart, S. 92-116.

McGee, J./Sawyerr, O. (2003): Uncertainty and Information Search Activities: A Study of Owner-Managers of Small High-Technology Manufacturing Firms; in: Journal of Small Business Management, Jahrgang 41, Heft 4, S. 385-401.

Mertins, K./Heisig, P./Vorbeck, J. (2003): Knowledge Management, Berlin.

Mintzberg, H. (1995): Die strategische Planung – Aufstieg, Niedergang und Neubestimmung, München/Wien.

Morich, S. (2002): Wertorientiertes Controlling und Value Based Reporting, TU Braunschweig.

Mühlhaupt, L. (1980): Einführung in die BWL der Banken, Struktur und Grundprobleme des Bankwesens in der BRD, 3. Auflage, Wiesbaden.

Müller-Stewens, G./Lechner, Ch. (2005): Strategisches Management: Wie strategische Initiativen zum Wandel führen, 3. Auflage, Stuttgart.

Nagel, K. (2002): Strategisches Managementwissen in kleinen und mittleren Unternehmen, Wiesbaden.

Nonaka, I./Takeuchi, H. (1997): Die Organisation des Wissens, Frankfurt am Main.

Osborn, A.F. (1957): Applied Imagination, New York.

Ossadnik, W./Barklage, D./van Lengerich, E. (2004): Controlling im Mittelstand: Ergebnisse einer empirischen Untersuchung; in: Controlling, Jahrgang 16, Heft 11, S. 621-630.

Porter, M.E. (1999): Wettbewerbsstrategien: Methoden zur Analyse von Branchen und Konkurrenten, 10. Auflage, Frankfurt am Main.

Porter, M.E. (2000): Wettbewerbsvorteile – Spitzenleistungen erreichen und behaupten, 6. Auflage, Frankfurt am Main.

Probst, J. (2007): Controlling leicht gemacht: Richtig planen, analysieren und steuern, 4. Auflage, Heidelberg.

Probst, G./Raub, S./Romhardt, K. (1997): Wissen Managen, Wiesbaden.

Reibnitz, U. von (1992): Szenario-Technik: Instrumente für die unternehmerische und persönliche Erfolgsplanung, 2. Auflage, Wiesbaden.

Reichmann, T. (1997): Controlling mit Kennzahlen, 5. überarbeitete und erweiterte Auflage, München.

Reisinger, S. (2007): Strategisches Management in österreichischen Klein- und Mittelunternehmen des produzierenden Sektors, Linz.

Rogler, S. (2002): Risikomanagement im Industriebetrieb: Analyse von Beschaffungs-, Produktions- und Absatzrisiken.

Rohrbach, B. (1969): Kreativ nach Regeln – Methode 635, eine neue Technik zum Lösen von Problemen, in: Absatzwirtschaft 12 – Heft 19, S. 73-75.

Sackmann, S. (2002): Unternehmenskultur – Erkennen, Entwickeln, Verändern, Neuwied/Kriftel.

Salm, M. (2002): Krisenmanagement.: Strategien gegen die Insolvenzgefahr in kleinen und mittleren Unternehmen, Frankfurt am Main.

Sandt, J. (2004): Management mit Kennzahlen und Kennzahlensystemen, Wiesbaden.

Schadenhofer, M. (2000): Neuausrichtung des Controllings, Wien.

Schein, E.H. (1985): Organizational Culture and Leadership, A dynamic view, San Francisco.

Schmidt, A. (1986): Das Controlling als Instrument zur Koordination der Unternehmensführung.

Schreyögg, G./Steinmann, H. (1985): Strategische Kontrolle, in: Zeitschrift für betriebswirtschaftliche Forschung, Nr. 5, S. 391-410.

Schröder, E. (1996): Modernes Unternehmenscontrolling, Handbuch für die Unternehmenspraxis, 6. Auflage, Ludwigshafen.

Schröer, C. (2007): Risikomanagement in KMU.

Schwarz, R. (2002): Controllingsysteme – Eine Einführung in Grundlagen, Komponenten und Methoden des Controlling, Wiesbaden.

Schweitzer, M./Friedl, B. (1992): Beitrag zu einer umfassenden Controlling-Konzeption, in: Spremann, K.: Controlling, Wiesbaden, S. 141-167.

Schwindt, C. (2003): Ratgeber Strategisches Controlling: Ein Handbuch für alle Entscheidungsträger in mittelständischen Unternehmen, Marburg.

Statistische Bundesamt (2009): Wirtschaft und Statistik 3/2008, Ausgewählte Ergebnisse für kleine und mittlere Unternehmen in Deutschland 2005.

Stein, B. (2003): Konzeption eines mehrdimensionalen Kennzahlensystems als Instrument der Erfolgssteuerung in der öffentlichen Verwaltung, Berlin.

Steinle, C./Bruch, H. (1998): Controlling-Kompendium für Controller/innen und ihre Ausbildung, 1. Auflage, Stuttgart.

Steinle, C./Bruch, H. (2003): Controlling-Kompendium für Ausbildung und Praxis, 3. Auflage, Stuttgart.

Stern, H. (2004): Das Kennzahlen-Dilemma: Leuchtfeuer in untiefe Gewässer, in: CM controller magazin, Heft 1, S. 28-32.

Trillitzsch, U. (2004): Die Einführung von Wissensmanagement, Untersuchung aus der Perspektive der internen Wissensmanagement-Verantwortlichen am Fallbeispiel einer Konzern-Vertriebsorganisation, Universität St. Gallen.

Türck, K. (1989): Neuere Entwicklungen in der Organisationsforschung: Ein Trend Report, Stuttgart.

Vollmuth, H. (2004): Kennzahlen, 3. Auflage, München.

Von der Horst, M. (2000): Bewältigung von Unternehmenskrisen, Berlin.

Wagenhofer, A./Gutschelhofer, A. (1995): Controlling und Unternehmensführung, Wien.

Weber, J. (1995): Welche Anstöße kann die Theorie dem Controlling in der Praxis geben?, in: Küpper, H.U./Weber, J.: Grundbegriffe des Controllings, Stuttgart, S. 37-55.

Weber, J./Schäffer, U. (1999): Sicherstellung der Rationalität von Führung als Aufgabe des Controllings, in: Kostenrechnungspraxis, Heft 6, S. 731-747.

Weber, J./Schäffer, U. (2000): Balanced Scorecard und Controlling, 3. überarbeitete Auflage, Wiesbaden.

Welge, M.K./Al-Laham, A, (2003): Strategisches Management, Grundlagen-Prozesse-Implementierung, 4. Auflage, Wiesbaden.

Wilderom, C.P.M./Glunk, U./Maslowski, R. (2000): Organizational Culture as a Predictor of Organizational Performance, in: Ashkanasy, N./Wilderom, C.P.M./Peterson, M. (Hrsg.), Handbook of Organizational Culture and Climate, S. 193-209.